2026 박문각 자격증

단숨에 끝 SERIES
단끝

단끝
화물운송종사

TS 한국교통안전공단
Korea Transportation Safety Authority

5개년 기출문제집

박문각 자격시험 개발팀 편저

브랜드만족 1위

1과목 교통 및 화물자동차 관련 법규
2과목 화물취급요령
3과목 안전운행요령
4과목 운송서비스

근거자료 후면표기

- 단숨에 끝내는 핵심이론
- 최신 법령 출제기준
- 최신 CBT 기출복원문제
- 실전 모의고사

박문각

STRUCTURE 구성과 특징

STEP 1

1 단숨에 끝내는 핵심이론

2 5개년 CBT 기출복원문제

3 단끝 최빈출 실전 50제

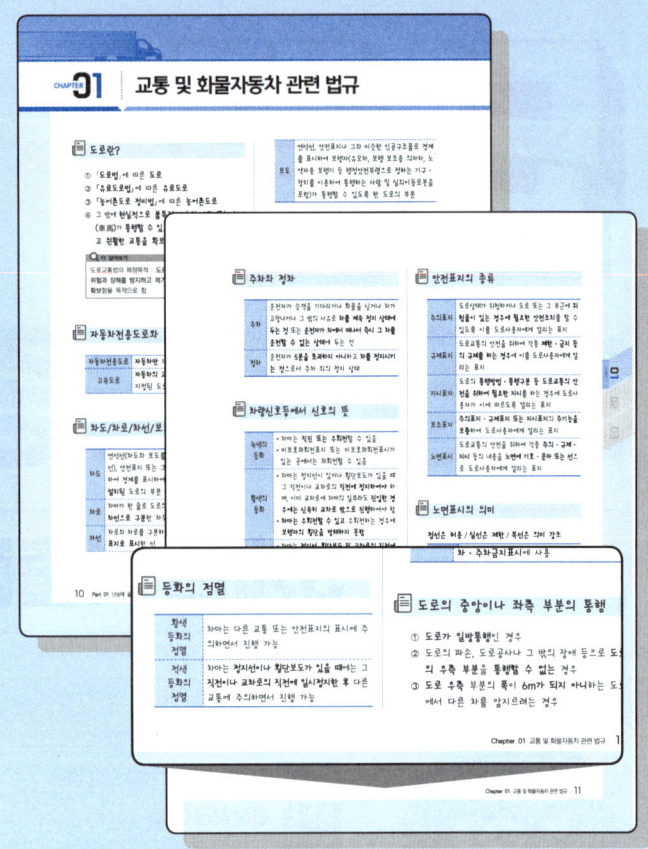

✓ 핵심 학습포인트 정리
최근 시험에 자주 출제되는 중요 학습포인트만 완벽하게 정리하였습니다.

✓ 단숨에 실전 대비를 끝내는 요약
오답피하기와 더 알아보기를 통해 문제해결력을 향상시키고 학습효과를 극대화할 수 있습니다.

STEP 2

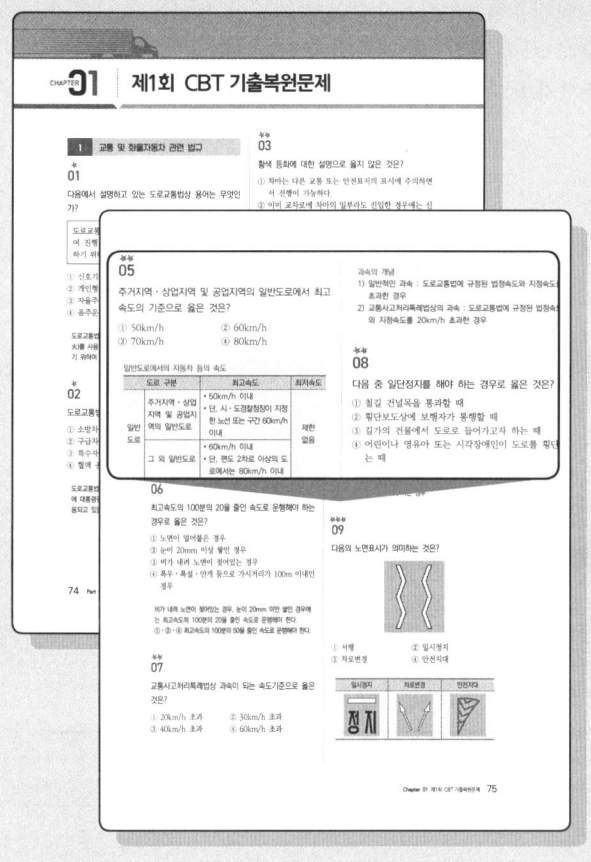

✅ 최신 5개년 CBT 기출복원문제
2021년~2025년까지 총 5개년 CBT 기출복원문제를 통해 기출유형 및 출제경향을 정확하게 파악할 수 있습니다.

✅ 빈출중요도 표시 및 상세한 해설
문항별로 빈출중요도를 표시하였고 문제해결의 핵심 포인트를 공략한 명확한 해설을 통해 능률적인 학습이 가능합니다.

STEP 3

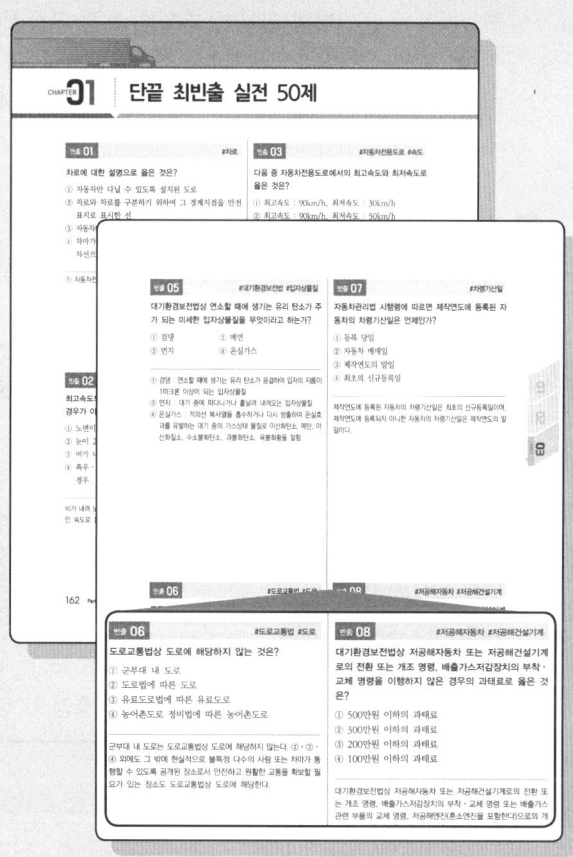

✅ 최빈출 기출 50문제 선별
실제 시험에 출제된 문제 중 출제 비율이 높은 50문제만 선별하여 합격이 보장되는 마무리 정리가 가능합니다.

✅ 시험 직전 최종 점검 문제
간단한 해설과 한눈에 보이는 정답으로 시험 직전 최종 점검용으로 활용할 수 있게 구성하였습니다.

GUIDE 이 책의 시험안내

화물운송종사 자격시험 안내

1 화물운송종사 자격시험이란

화물자동차 운전자의 전문성 확보를 통해 운송서비스 개선, 안전운행 및 화물운송업의 건전한 육성을 도모하기 위해 2004.7.21.부터 한국교통안전공단이 국토교통부로부터 사업을 위탁받아 화물운송종사 자격시험을 시행하고 있다. 화물운송 자격시험 제도를 도입하여 화물종사자의 자질을 향상시키고 과실로 인한 교통사고를 최소화시키기 위함이다.

2 자격 취득 대상자

사업용(영업용) 화물자동차(용달·개별·일반화물) 운전자는 반드시 화물운송종사자격을 취득 후 운전하여야 한다. 여기서 사업용(영업용) 화물자동차란 다음과 같다.
- 타인의 운송수요에 부응하여 운송서비스를 제공하고 그에 대한 대가를 받는 "유상운송"을 목적으로 등록하는 화물자동차
- 화물자동차에 사업용 노란색 자동차번호판을 장착한 자동차

3 시험과목 및 합격기준

시험과목	교통 및 화물 관련 법규	화물취급요령	안전운행요령	운송서비스
	25문항	15문항	25문항	15문항
합격기준	총점 100점 중 60점(총 80문제 중 48문제) 이상 획득 시 합격			

4 자격취득 절차 안내

응시조건 및 시험 일정 확인

① 제1종 운전면허 또는 제2종 보통면허 소지자
② **연령** : 만 20세 이상
③ **운전경력**(시험일 기준 운전면허 보유기간이며, 취소·정지기간 제외)
- 자가용 : 2년 이상(운전면허 취득기간부터)
- 사업용 : 1년 이상(버스, 택시 운전경력)
④ **운전적성정밀검사**(신규검사)에 **적합**(시험일 기준)
  * 연간 시험일정 확인 (접수기간 및 시험일) : 화물자동차운수사업법 제9조의 결격사유에 해당되지 않는 사람

02 시험 접수

① **인터넷 접수** : 신청 · 조회 > 화물운송 > 예약 접수 > 원서 접수
  * 사진은 그림파일 JPG로 스캔하여 등록
② **방문 접수** : 전국 19개 시험장
③ **운전경력**(시험일 기준 운전면허 보유기간이며, 취소 · 정지기간 제외)
  * 다만, 현장 방문 접수 시 응시 인원마감 등으로 시험 접수가 불가할 수 있으므로 가급적 인터넷으로 시험 접수현황을 확인 후 방문
④ **시험응시 수수료** : 11,500원
⑤ **준비물** : 운전면허증(모바일 운전면허증 제외), 6개월 이내 촬영한 3.5 x 4.5cm 컬러사진(미제출자에 한함)

03 시험 응시

① **각 지역본부 시험장** : 시험 시작 20분 전까지 입실
② **시험과목** : 4과목, 회차별 80문제

1회차	2회차	3회차	4회차
09:20~10:40	11:00~12:20	14:00~15:20	16:00~17:20

* 지역본부에 따라 시험 횟수가 변경될 수 있음

04 합격자 법정교육

① **합격자 온라인 교육 신청** : 신청 · 조회 > 화물운송 > 교육신청 > 합격자 교육(온라인)
② **합격자**(총점 60% 이상)에 한해 별도 안내
③ **합격자 교육준비물**
  - 교육수수료 : 11,500원
  - 본인인증 수단 : 휴대폰 본인인증 불가 시 아이핀 또는 선불유심칩 이용

05 자격증 교부

① **신청 방법** : 인터넷 · 방문신청
② **수수료** : 10,000원(인터넷의 경우 우편료 포함하여 온라인 결제)
③ **인터넷 신청** : 신청일로부터 5~10일 이내 수령 가능(토 · 일요일, 공휴일 제외)
④ **방문 발급** : 한국교통안전공단 전국 19개 시험장 및 7개 검사소 방문 · 교부장소
⑤ **준비물** : 운전면허증, 전체기간 운전경력증명서(시험 합격 후 7일 경과 시), 6개월 이내 촬영한 3.5 x 4.5cm 컬러사진(미제출자에 한함)

GUIDE 이 책의 시험안내

5 CBT 시험안내

1. 접수기간
① **시험등록** : 시작 20분 전 / **시험시간** : 80분
② **상시 CBT 필기시험일**(토요일, 공휴일 제외)

CBT 전용 상설시험장	정밀 검사장 활용 CBT 비상설 시험장

• 12개 지역 : 서울구로, 경기남부(수원), 인천, 대전, 대구, 부산, 광주, 전북(전주), 울산, 경남(창원), 강원(춘천), 화성
• 매일 4회(오전 2회, 오후 2회)
  * 대전, 부산, 광주는 수요일 오후 항공 CBT 시행
	• 8개 지역 : 서울성산, 서울노원, 서울송파, 경기북부(의정부), 충북(청주), 제주, 대구(상주), 대전(홍성)
	• 매주 화, 목 오후 2회
	  * 시험장 상황에 따라 변동 가능

- 상설 시험장의 경우, 지역 특성을 고려하여 시험 시행 횟수는 조정 가능(소속별 자율 시행)
- 1회차 : 09:20~10:40, 2회차 : 11:00~12:20, 3회차 : 14:00~15:20, 4회차 : 16:00~17:20
- 접수인원 초과(선착순)로 접수 불가능 시 타 지역 또는 다음 차수 접수 가능
- 시험 당일 준비물 : 운전면허증

2. 접수방법
① **인터넷 접수** : 사진을 그림파일(JPG)로 스캔하여 등록하여야 접수 가능(6개월 이내 촬영한 3.5 x 4.5cm 반명함 컬러사진)
② **방문 접수 전국 19개 자격시험장** : 서울성산, 서울노원, 서울구로, 서울송파, 경기남부(수원), 경기북부(의정부), 인천, 대전, 대구, 부산, 광주, 충북(청주), 전북(전주), 울산, 경남(창원), 강원(춘천), 제주, 대구(상주), 화성
  * 다만, 현장 방문 접수 시 응시 인원마감 등으로 시험 접수가 불가할 수 있으므로 가급적 인터넷으로 시험 접수현황을 확인 후 방문

3. 시행방법
① **시험시간** : 컴퓨터에 의한 시험 시행 80분
  * 시험장 사정에 따라 시행횟수는 변경될 수 있음
② **응시제한 및 부정행위 처리**
  • 시험 시작시간 이후에 시험장에 도착한 사람은 응시 불가
  • 시험 도중 무단으로 퇴장한 사람은 재입장 할 수 없으며 해당 시험 종료처리
  • 부정행위 또는 주의사항이나 시험감독의 지시에 따르지 아니하는 사람은 즉각 퇴장조치 및 무효처리하며, 향후 2년간 공단에서 시행하는 자격시험의 응시자격 정지

4. 합격자 발표
① **합격 판정** : 100점 기준으로 60점 이상을 얻어야 함(4과목 총 80문제 / 각 1.25점)
② **합격자 발표** : 시험 종료 후 시험 시행 장소에서 합격자 발표

CONTENTS 차례

PART 01 단숨에 끝내는 핵심이론

Chapter 01 교통 및 화물자동차 관련 법규 ... 10
Chapter 02 화물취급요령 ... 35
Chapter 03 안전운행요령 ... 46
Chapter 04 운송서비스 ... 61

PART 02 5개년 CBT 기출복원문제(2021년~2025년)

Chapter 01 제1회 CBT 기출복원문제 ... 74
Chapter 02 제2회 CBT 기출복원문제 ... 91
Chapter 03 제3회 CBT 기출복원문제 ... 109
Chapter 04 제4회 CBT 기출복원문제 ... 126
Chapter 05 제5회 CBT 기출복원문제 ... 144

PART 03 단끝 최빈출 실전 50제

단끝 최빈출 실전 50제 ... 162

실전모의고사 무료 제공

실제 시험과 가장 유사하게 구성된 실전모의고사 2회분을 통해 시험 직전 실전 감각을 최대로 끌어올리고, 시험대비를 마무리할 수 있습니다.

단끝
화물운송종사
TS 한국교통안전공단 5개년 기출문제집

PART 01

단숨에 끝내는 핵심이론

CHAPTER 01 교통 및 화물자동차 관련 법규

📄 도로란?

① 「도로법」에 따른 도로
② 「유료도로법」에 따른 유료도로
③ 「농어촌도로 정비법」에 따른 농어촌도로
④ 그 밖에 현실적으로 불특정 다수의 사람 또는 차마(車馬)가 통행할 수 있도록 공개된 장소로서 안전하고 원활한 교통을 확보할 필요가 있는 장소

> 🔍 **더 알아보기**
> 도로교통법의 제정목적 : 도로에서 일어나는 교통상의 모든 위험과 장해를 방지하고 제거하여 안전하고 원활한 교통을 확보함을 목적으로 함

📄 자동차전용도로와 고속도로

자동차전용도로	자동차만 다닐 수 있도록 설치된 도로
고속도로	자동차의 고속 운행에만 사용하기 위하여 지정된 도로

📄 차도/차로/차선/보도

차도	연석선(차도와 보도를 구분하는 돌 등으로 이어진 선), 안전표지 또는 그와 비슷한 인공구조물을 이용하여 경계를 표시하여 **모든 차가 통행할 수 있도록 설치된** 도로의 부분
차로	차마가 한 줄로 도로의 **정하여진 부분을 통행하도록 차선으로 구분한** 차도의 부분
차선	차로와 차로를 구분하기 위하여 그 **경계지점을 안전표지로 표시한** 선
보도	연석선, 안전표지나 그와 비슷한 인공구조물로 경계를 표시하여 보행자(유모차, 보행 보조용 의자차, 노약자용 보행기 등 행정안전부령으로 정하는 기구·장치를 이용하여 통행하는 사람 및 실외이동로봇을 포함)가 통행할 수 있도록 한 도로의 부분

📄 차와 자동차

차	자동차, 건설기계, 원동기장치자전거, 자전거, 사람 또는 가축의 힘이나 그 밖의 동력으로 도로에서 운전되는 것 ⇨ 다만, 철길이나 가설된 선을 이용하여 운전되는 것, 유모차, 보행보조용 의자차, 노약자용 보행기, 실외이동로봇 등 행정안전부령으로 정하는 기구·장치 제외
자동차	철길이나 가설된 선을 이용하지 아니하고 원동기를 사용하여 운전되는 다음의 차(견인되는 자동차도 자동차의 일부로 봄)

자동차 관리법	승용자동차 / 승합자동차 / 화물자동차 / 특수자동차 / 이륜자동차(원동기장치자전거 제외)
건설기계 관리법	덤프트럭 / 아스팔트살포기 / 노상안정기 / 콘크리트믹서트럭 / 콘크리트펌프 / 천공기(트럭적재식) / 도로보수트럭 / 3톤 미만 지게차

주차와 정차

주차	운전자가 승객을 기다리거나 화물을 싣거나 차가 고장나거나 그 밖의 사유로 **차를 계속 정지 상태에 두는 것** 또는 운전자가 차에서 떠나서 즉시 그 차를 운전할 수 없는 상태에 두는 것
정차	운전자가 **5분을 초과하지 아니하고 차를 정지시키는 것**으로서 주차 외의 정지 상태

차량신호등에서 신호의 뜻

녹색의 등화	• 차마는 **직진 또는 우회전할 수 있음** • 비보호좌회전표지 또는 비보호좌회전표시가 있는 곳에서는 좌회전할 수 있음
황색의 등화	• 차마는 정지선이 있거나 횡단보도가 있을 때 그 직전이나 교차로의 **직전에 정지하여야 하**며, 이미 교차로에 차마의 일부라도 **진입한 경우에는 신속히 교차로 밖으로 진행하여야 함** • **차마는 우회전할 수 있고 우회전하는 경우에 보행자의 횡단을 방해하지 못함**
적색의 등화	• 차마는 **정지선, 횡단보도 및 교차로의 직전에서 정지해야 함** • 차마는 우회전하려는 경우 정지선, 횡단보도 및 교차로의 직전에서 정지한 후 신호에 따라 진행하는 다른 차마의 교통을 방해하지 않고 우회전할 수 있음 • **차마는 우회전 삼색등이 적색의 등화인 경우 우회전할 수 없음**

등화의 점멸

황색 등화의 점멸	차마는 다른 교통 또는 안전표지의 표시에 주의하면서 진행 가능
적색 등화의 점멸	차마는 **정지선이나 횡단보도**가 있을 때에는 그 직전이나 교차로의 직전에 일시정지한 후 다른 교통에 주의하면서 진행 가능

안전표지의 종류

주의표지	도로상태가 위험하거나 도로 또는 그 부근에 **위험물이 있는 경우에 필요한 안전조치를 할 수 있도록** 이를 도로사용자에게 알리는 표지
규제표지	도로교통의 안전을 위하여 각종 **제한·금지** 등의 규제를 하는 경우에 이를 도로사용자에게 알리는 표지
지시표지	도로의 **통행방법·통행구분** 등 도로교통의 안전을 위하여 필요한 지시를 하는 경우에 도로사용자가 이에 따르도록 알리는 표지
보조표지	주의표지·규제표지 또는 지시표지의 주기능을 **보충하여** 도로사용자에게 알리는 표지
노면표시	도로교통의 안전을 위하여 각종 주의·규제·지시 등의 내용을 노면에 기호·문자 또는 선으로 도로사용자에게 알리는 표지

노면표시의 의미

점선은 허용 / 실선은 제한 / 복선은 의미 강조

백색	동일방향의 교통류 분리 및 경계표시
황색	반대방향의 교통류 분리 또는 도로이용의 제한 및 지시
청색	지정방향의 교통류 분리표시(버스전용차로표시 및 다인승차량전용차선표시)
적색	어린이보호구역 또는 주거지역 안에 설치하는 **속도제한표시의 테두리선** 및 소방시설 주변 **정차·주차금지표시에 사용**

도로의 중앙이나 좌측 부분의 통행

① **도로가 일방통행인 경우**
② 도로의 파손, 도로공사나 그 밖의 장애 등으로 **도로의 우측 부분을 통행할 수 없는 경우**
③ **도로 우측 부분의 폭이 6m가 되지 아니하는 도로에서 다른 차를 앞지르려는 경우**

> **오답피하기** 통행 불가인 경우
> - 도로의 좌측 부분을 확인할 수 없는 경우
> - 반대 방향의 교통을 방해할 우려가 있는 경우
> - 안전표지 등으로 앞지르기를 금지하거나 제한하고 있는 경우

④ 도로 우측 부분의 폭이 차마의 통행에 충분하지 아니한 경우
⑤ 가파른 비탈길의 구부러진 곳에서 교통의 위험을 방지하기 위하여 시·도경찰청장이 필요하다고 인정하여 구간 및 통행방법을 지정하고 있는 경우에 그 지정에 따라 통행하는 경우

차로에 따른 통행차의 기준

도로	차로 구분	통행할 수 있는 차종
고속도로 외의 도로	왼쪽 차로	승용자동차 및 경형·소형·중형 승합자동차
	오른쪽 차로	대형 승합자동차, 화물자동차, 특수자동차, 법 제2조 제18호 나목에 따른 건설기계, 이륜자동차, 원동기장치자전거(개인형 이동장치는 제외)
고속도로	편도 2차로 1차로	앞지르기를 하려는 모든 자동차 (다만, 차량통행량 증가 등 도로상황으로 인하여 부득이하게 시속 80km 미만으로 통행할 수밖에 없는 경우에는 앞지르기를 하는 경우가 아니라도 통행 가능)
	2차로	모든 자동차
	편도 3차로 이상 1차로	앞지르기를 하려는 승용자동차 및 앞지르기를 하려는 경형·소형·중형 승합자동차(다만, 차량통행량 증가 등 도로상황으로 인하여 부득이하게 시속 80km 미만으로 통행할 수밖에 없는 경우에는 앞지르기를 하는 경우가 아니라도 통행 가능)
	편도 3차로 이상 왼쪽 차로	승용자동차 및 경형·소형·중형 승합자동차
		오른쪽 차로	대형 승합자동차, 화물자동차, 특수자동차, 법 제2조 제18호 나목에 따른 건설기계

※ 모든 차는 위 표에서 지정된 차로보다 오른쪽에 있는 차로로 통행 가능
※ 앞지르기를 할 때에는 위 표에서 지정된 차로의 왼쪽 바로 옆 차로로 통행 가능
※ 도로의 진출입 부분에서 진출입하는 때와 정차 또는 주차한 후 출발하는 때의 상당한 거리 동안은 표에서 정하는 기준에 따르지 아니할 수 있음

왼쪽 차로와 오른쪽 차로

왼쪽 차로	고속도로 외의 도로의 경우	차로를 반으로 나누어 1차로에 가까운 부분의 차로(차로수가 홀수인 경우 가운데 차로는 제외)
	고속도로의 경우	1차로를 제외한 차로를 반으로 나누어 그중 1차로에 가까운 부분의 차로(1차로를 제외한 차로의 수가 홀수인 경우 그중 가운데 차로는 제외)
오른쪽 차로	고속도로 외의 도로의 경우	왼쪽 차로를 제외한 나머지 차로
	고속도로의 경우	1차로와 왼쪽 차로를 제외한 나머지 차로

> **오답피하기** 왼쪽 차로와 오른쪽 차로의 구분

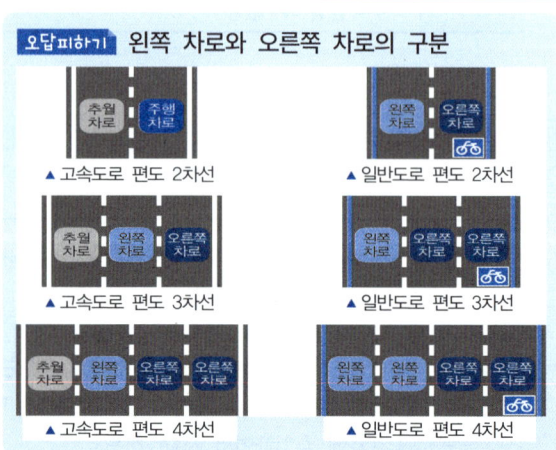

▲ 고속도로 편도 2차선   ▲ 일반도로 편도 2차선
▲ 고속도로 편도 3차선   ▲ 일반도로 편도 3차선
▲ 고속도로 편도 4차선   ▲ 일반도로 편도 4차선

화물자동차 운행상의 안전기준

적재중량	구조 및 성능에 따르는 **적재중량의 110% 이내**일 것
길이	자동차 길이에 그 **길이의 10분의 1을 더한 길이**
너비	자동차의 **후사경으로 뒤쪽을 확인할 수 있는 범위**(후사경의 높이보다 화물을 낮게 적재한 경우에는 그 화물을, 후사경의 높이보다 화물을 높게 적재한 경우에는 뒤쪽을 확인할 수 있는 범위)의 너비
높이	화물자동차는 **지상으로부터 4m** ⇨ 도로구조의 보전과 통행의 안전에 지장이 없다고 **인정하여** 고시한 도로노선의 경우 **4.2m**

안전기준을 넘는 적재의 허가

① 운행상의 안전기준을 넘어 승차시키거나 적재하는 경우 운행을 위해 **출발지를 관할하는 경찰서장의 허가** 필요
② 안전기준을 넘는 화물의 적재허가를 받은 사람은 그 길이 또는 폭의 양끝에 **너비 30cm, 길이 50cm** 이상의 **빨간 헝겊**으로 된 표지를 달아야 함(밤에 운행하는 경우 **반사체로 된 표지를 달아야 함**)

자동차의 속도

도로 구분		최고속도	최저속도
일반도로	주거지역·상업지역 및 공업지역의 일반도로	• 50km/h 이내 • 단, 시·도경찰청장이 지정한 노선 또는 구간에서는 60km/h 이내	제한없음
	그 외 일반도로	• 60km/h 이내 • 단, 편도 2차로 이상의 도로에서는 80km/h 이내	
고속도로	편도 2차로 이상	모든 고속도로	• 100km/h • 단, 적재중량 1.5톤 초과 화물자동차, 특수자동차, 건설기계, 위험물운반자동차는 80km/h	50km/h
		경찰청장이 지정·고시한 노선 또는 구간의 고속도로	• 120km/h • 단, 적재중량 1.5톤 초과 화물자동차, 특수자동차, 건설기계, 위험물운반자동차는 90km/h	
	편도 1차로	80km/h	
자동차전용도로		90km/h	30km/h

이상 기후 시 운행속도

이상 기후 상태	운행속도
• 비가 내려 **노면이 젖어있는 경우** • 눈이 20mm 미만 쌓인 경우	최고속도의 100분의 20 줄인 속도
• 폭우·폭설·안개 등으로 가시거리가 100m 이내인 경우 • 노면이 얼어붙은 경우 • 눈이 20mm 이상 쌓인 경우	최고속도의 100분의 50 줄인 속도

서행해야 하는 경우

① **교통정리**를 하고 있지 **아니하는 교차로**
② **도로가 구부러진** 부근
③ **비탈길**의 고갯마루 부근
④ 가파른 비탈길의 내리막
⑤ **시·도경찰청장**이 도로에서의 위험을 방지하고 교통의 안전과 원활한 소통을 확보하기 위하여 필요하다고 인정하여 **안전표지로 지정한 곳**
⑥ **교차로에서 좌·우회전하는 경우**

⑦ 교통정리 안 하는 교차로 진입 시 통행하고 있는 도로의 폭보다 **교차하는 도로의 폭이 넓은 경우**
⑧ **안전지대**에 **보행자**가 있는 경우
⑨ 차로가 아닌 좁은 도로에서 보행자 옆을 지나는 경우

일시정지해야 하는 경우

① **보도와 차도가 구분된 도로**에서 보도를 횡단하기 직전
② **철길 건널목**을 통과할 때
③ **보행자**가 **횡단보도**를 통과하고 있을 때
④ **보행자 전용도로** 통행 시 **횡단보도 앞**
⑤ 교차로 등에서 **긴급자동차**가 접근할 때
⑥ 교통정리 안 하고, 좌우확인 안 되거나, 교통이 빈번한 **교차로**
⑦ 시·도경찰청장이 필요하다고 인정하여 안전표지로 지정하여 **일시정지 표지**가 있는 곳
⑧ 어린이, 시각장애인, 지체장애인, 노인 등이 도로를 **횡단**할 때
⑨ 정지선이나 횡단보도가 있는 곳에서 **적색등화** 가 점멸할 때

동시진입 차 간 통행의 우선순위

① **우측도로**에서 진입하는 차 우선
② **직진차**가 좌회전차보다 우선
③ **우회전차**가 좌회전차보다 우선
④ **선진입차**에 우선권, **넓은 도로**에서 진입하는 **차**가 좁은 도로에서 진입하는 차보다 우선

차마 간 우선순위

① **긴급자동차**(최우선 통행권)
② 긴급자동차 외의 자동차(최고속도 순서)
③ 원동기장치자전거
④ 자동차 및 원동기장치자전거 외의 차마

비탈진 도로 또는 좁은 도로에서 우선순위

① 비탈진 좁은 도로에서 자동차가 서로 마주 보고 진행하는 경우 : 올라가는 자동차가 내려가는 자동차에게 도로의 우측 가장자리로 피하여 진로를 양보해야 함
② 비탈진 좁은 도로 외의 좁은 도로에서 화물을 실었거나 승객을 태운 자동차와 빈자동차가 서로 마주 보고 진행하는 경우 : 빈자동차가 도로의 우측 가장자리로 피하여 진로를 양보해야 함

긴급자동차의 우선 통행 및 특례

① 긴급하고 부득이한 때 **도로의 중앙이나 좌측 부분**으로 통행 가능
② 정지해야 할 곳에서 **정지하지 않을 수 있음**
③ **자동차 등의 속도, 앞지르기 금지, 끼어들기 금지에 관한 규정**을 적용하지 않음

> **오답피하기** 긴급자동차 특례 적용 시 주의할 점
> • 긴급자동차 본래의 사용용도로 사용되는 경우에만 인정
> • 앞지르기 방법 등에 관한 규정은 인용하지 않음에 주의

운전면허별 운전 가능 차량

운전면허		
종별	구분	운전할 수 있는 차량
제1종	대형면허	• 승용자동차 / 승합자동차 / 화물자동차 • 건설기계[덤프트럭, 아스팔트살포기, 노상안정기 / 콘크리트믹서트럭, 콘크리트펌프, 천공기(트럭적재식) 콘크리트믹서트레일러, 아스팔트콘크리트재생기 / 도로보수트럭, 3톤 미만의 지게차] • 특수자동차[대형 견인차, 소형 견인차 및 구난차("구난차 등"이라 한다)는 제외] / 원동기장치자전거

제1종	보통면허	• 승용자동차 / 승차정원 15명 이하의 승합자동차 • 적재중량 12톤 미만의 화물자동차 / 건설기계(도로를 운행하는 3톤 미만의 지게차로 한정) • 총중량 10톤 미만의 특수자동차(구난차 등은 제외) / 원동기장치자전거
	소형면허	3륜화물자동차 / 3륜승용자동차 / 원동기장치자전거
	특수면허	• 대형 견인차 : 견인형 특수자동차 / 제2종 보통면허로 운전할 수 있는 차량 • 소형 견인차 : 총중량 3.5톤 이하의 견인형 특수자동차 / 제2종 보통면허로 운전할 수 있는 차량 • 구난차 : 구난형 특수자동차 / 제2종보통면허로 운전할 수 있는 차량
제2종	보통면허	• 승용자동차 / 승차정원 10명 이하의 승합자동차 • 적재중량 4톤 이하의 화물자동차 • 총중량 3.5톤 이하의 특수자동차(구난차 등은 제외) / 원동기장치자전거
	소형면허	• 이륜자동차(운반차를 포함) • 원동기장치자전거
	원동기장치자전거면허	원동기장치자전거

🔍 더 알아보기

화물자동차 운전 가능 면허

구분	종류
제1종 대형면허	화물자동차 / 특수자동차(대형·소형 견인차 및 구난차 제외)
제1종 보통면허	적재중량 12톤 미만의 화물자동차 / 총중량 10톤 미만의 특수자동차(구난차 등 제외)
제1종 소형면허	3륜화물자동차
제2종 보통면허	적재중량 4톤 이하의 화물자동차 / 총중량 3.5톤 이하의 특수자동차(구난차 등 제외)

운전면허취득 응시기간의 제한
(5·4·3)

5년 제한	무면허, 음주운전, 약물복용, 과로 운전, 공동위험행위 중 사상사고 야기 후 필요한 구호조치를 하지 않고 도주
4년 제한	5년 제한 이외의 사유로 사상사고 야기 후 도주
3년 제한	• 음주운전을 하다가 2회 이상 교통사고를 야기 • 자동차 이용 범죄, 자동차 강·절취한 자가 무면허로 운전한 경우

운전면허취득 응시기간의 제한
(2·1·기타)

2년 제한	• 3회 이상 무면허운전 • 운전면허시험 대리 응시를 한 경우 • 운전면허시험 대리 응시를 하고 원동기면허를 취득하고자 하는 경우 • 공동위험행위로 2회 이상으로 면허취소 시 • 부당한 방법으로 면허 취득 또는 이용, 운전면허시험 대리 응시 • 다른 사람의 자동차를 강·절취한 자 • 음주운전 2회 이상, 측정불응 2회 이상 자 • 음주운전, 측정불응을 하다가 교통사고를 일으킨 경우 • 운전면허시험, 전문학원 강사자격시험, 기능검정원 자격시험에서 부정행위를 하여 해당 시험이 무효로 처리된 자
1년 제한	• 무면허운전 • 공동위험행위로 운전면허가 취소된 자가 원동기면허를 취득하고자 하는 경우 • 자동차 이용 범죄 • 2년 제한 이외의 사유로 면허가 취소된 경우
6개월 제한	단순 음주, 단순 무면허, 자동차 이용 범죄로 면허취소 후 원동기면허를 취득하고자 하는 경우

인적피해 교통사고 결과에 따른 벌점기준

구분	벌점	내용
사망 1명마다	90	사고발생 시부터 72시간 이내에 사망한 때
중상 1명마다	15	3주 이상의 치료를 요하는 의사의 진단이 있는 사고
경상 1명마다	5	3주 미만 5일 이상의 치료를 요하는 의사의 진단이 있는 사고
부상신고 1명마다	2	5일 미만의 치료를 요하는 의사의 진단이 있는 사고

범칙행위별 벌점

위반사항	벌점
• 속도위반(100km/h 초과) • 술에 취한 상태의 기준을 넘어서 운전한 때(혈중알코올 농도 0.03퍼센트 이상 0.08퍼센트 미만) • 자동차 등을 이용하여 형법상 특수상해 등(보복운전)을 하여 입건된 때	100
속도위반(80km/h 초과 100km/h 이하)	80
속도위반(60km/h 초과 80km/h 이하)	60
• 정차·주차위반에 대한 조치불응(단체에 소속되거나 다수인에 포함되어 경찰공무원의 3회 이상의 이동명령에 따르지 아니하고 교통을 방해한 경우에 한함) • 공동위험행위로 형사입건된 때 • 난폭운전으로 형사입건된 때 • 안전운전의무 위반(단체에 소속되거나 다수인에 포함되어 경찰공무원의 3회 이상의 안전운전 지시에 따르지 아니하고 타인에게 위험과 장해를 주는 속도나 방법으로 운전한 경우에 한함) • 승객의 차내 소란행위 방치운전 • 출석기간 또는 범칙금 납부기간 만료일부터 60일이 경과될 때까지 즉결심판을 받지 아니한 때	40
• 통행구분 위반(중앙선침범에 한함) • 속도위반(40km/h 초과 60km/h 이하) • 철길 건널목 통과방법 위반	30
• 회전교차로 통행방법 위반(통행 방향 위반에 한정) • 어린이통학버스 특별보호 위반 • 어린이통학버스 운전자의 의무 위반(좌석안전띠를 매도록 하지 아니한 운전자는 제외) • 고속도로·자동차전용도로 갓길통행 • 고속도로 버스전용차로·다인승전용차로 통행 위반 • 운전면허증 등의 제시의무 위반 또는 운전자 신원확인을 위한 경찰공무원의 질문에 불응	
• 신호·지시 위반 • 속도위반(20km/h 초과 40km/h 이하) • 속도위반(어린이보호구역 안에서 오전 8시부터 오후 8시까지 사이에 제한속도를 20km/h 이내에서 초과한 경우에 한정) • 앞지르기 금지 시기·장소 위반 • 적재 제한 위반 또는 적재물 추락방지 위반 • 운전 중 휴대용 전화 사용 • 운전 중 운전자가 볼 수 있는 위치에 영상 표시 • 운전 중 영상표시장치 조작 • 운행기록계 미설치 자동차 운전금지 등의 위반	15
• 통행구분 위반(보도침범, 보도횡단방법 위반) • 차로통행 준수의무 위반, 지정차로 통행 위반(진로변경 금지장소에서의 진로변경 포함) • 일반도로 전용차로 통행 위반 • 안전거리 미확보(진로변경 방법 위반 포함) • 앞지르기 방법 위반 • 보행자 보호 불이행(정지선 위반 포함) • 승객 또는 승하차자 추락방지조치 위반 • 안전운전의무 위반 • 노상 시비·다툼 등으로 차마의 통행 방해행위 • 자율주행자동차 운전자의 준수사항 위반 • 돌·유리병·쇳조각이나 그 밖에 도로에 있는 사람이나 차마를 손상시킬 우려가 있는 물건을 던지거나 발사하는 행위 • 도로를 통행하고 있는 차마에서 밖으로 물건을 던지는 행위	10

교통사고 야기 시 조치 불이행에 따른 벌점기준

벌점 15점	• 물적 피해가 발생한 교통사고를 일으킨 후 도주한 때 • 교통사고를 일으킨 즉시(그때, 그 자리에서 곧) 사상자를 구호하는 등의 조치를 하지 아니하였으나 그 후 자진신고를 한 때
벌점 30점	고속도로, 특별시·광역시 및 시의 관할구역과 군(광역시의 군을 제외한다)의 관할구역 중 경찰관서가 위치하는 리 또는 동 지역에서 3시간(그 밖의 지역에서는 12시간) 이내에 자진신고를 한 때
벌점 60점	벌점 30점 규정에 따른 시간 후 48시간 이내에 자진신고를 한 때

속도위반 시 범칙금

구분	일반구역		어린이보호구역 및 노인·장애인 보호구역	
	승합자동차 등 〈4톤 초과〉	승용자동차 등 〈4톤 이하〉	승합자동차 등 〈4톤 초과〉	승용자동차 등 〈4톤 이하〉
60km/h 초과	13만원	12만원	16만원	15만원
40km/h 초과 60km/h 이하	10만원	9만원	13만원	12만원
20km/h 초과 40km/h 이하	7만원	6만원	10만원	9만원
20km/h 이하	3만원	3만원	6만원	6만원

더 알아보기

어린이보호구역 및 노인·장애인보호구역에서의 범칙금액 부과기준

범칙행위		차량 종류별 범칙금액
• 신호·지시 위반 • 횡단보도 보행자 횡단 방해		1) 승합자동차 등 : 13만원 2) 승용자동차 등 : 12만원 3) 이륜자동차 등 : 8만원 4) 자전거 등 및 손수레 등 : 6만원
• 통행금지·제한 위반 • 보행자 통행 방해 또는 보호 불이행		1) 승합자동차 등 : 9만원 2) 승용자동차 등 : 8만원 3) 이륜자동차 등 : 6만원 4) 자전거 등 및 손수레 등 : 4만원
정차·주차 금지 위반	어린이보호구역에서 위반한 경우	1) 승합자동차 등 : 13만원 2) 승용자동차 등 : 12만원 3) 이륜자동차 등 : 9만원 4) 자전거 등 : 6만원
	노인·장애인보호구역에서 위반한 경우	1) 승합자동차 등 : 9만원 2) 승용자동차 등 : 8만원 3) 이륜자동차 등 : 6만원 4) 자전거 등 : 4만원
주차금지 위반	어린이보호구역에서 위반한 경우	1) 승합자동차 등 : 13만원 2) 승용자동차 등 : 12만원 3) 이륜자동차 등 : 9만원 4) 자전거 등 : 6만원
	노인·장애인보호구역에서 위반한 경우	1) 승합자동차 등 : 9만원 2) 승용자동차 등 : 8만원 3) 이륜자동차 등 : 6만원 4) 자전거 등 : 4만원
정차·주차 방법 위반	어린이보호구역에서 위반한 경우	1) 승합자동차 등 : 13만원 2) 승용자동차 등 : 12만원 3) 이륜자동차 등 : 9만원 4) 자전거 등 : 6만원
	노인·장애인보호구역에서 위반한 경우	1) 승합자동차 등 : 9만원 2) 승용자동차 등 : 8만원 3) 이륜자동차 등 : 6만원 4) 자전거 등 : 4만원
정차·주차 위반에 대한 조치 불응	어린이보호구역에서의 위반에 대한 조치에 불응한 경우	1) 승합자동차 등 : 13만원 2) 승용자동차 등 : 12만원 3) 이륜자동차 등 : 9만원 4) 자전거 등 : 6만원
	노인·장애인보호구역에서의 위반에 대한 조치에 불응한 경우	1) 승합자동차 등 : 9만원 2) 승용자동차 등 : 8만원 3) 이륜자동차 등 : 6만원 4) 자전거 등 : 4만원

교통사고처리특례법상 특례의 적용
(공소권 없는 교통사고)

① **5년 이하의 금고 또는 2천만원 이하의 벌금** : 차의 운전자가 교통사고로 인하여 「형법」 제268조(업무상과실·중과실 치사상)의 죄를 범한 경우
② **공소를 제기할 수 없다(반의사불벌죄)** : 차의 교통으로 ①의 죄 중 업무상과실 치상죄 또는 중과실 치상죄와 「도로교통법」 제151조의 죄를 범한 운전자에 대하여는 피해자의 명시적인 의사에 반하여 공소(公訴) 제기 불가

※ 공소권 없음 : 공소시효 경과, 고소권의 부존재, (친고죄에 있어서) 고소의 취소 등으로 인하여 공소를 제기할 수 없는 경우

교통사고처리특례법상 특례의 배제

① 차의 운전자가 **업무상과실 치상죄 또는 중과실 치상죄**를 범하고도 피해자를 **구호하는 등의 조치를 하지 아니하고 도주**하거나 피해자를 사고 장소로부터 옮겨 유기하고 도주한 경우
② 차의 운전자가 **업무상과실 치상죄 또는 중과실 치상죄**를 범하고도 **음주측정 요구에 따르지 아니한 경우**(운전자가 채혈 측정을 요청하거나 동의한 경우는 제외)
③ **신호·지시 위반**사고
④ **중앙선침범**, 고속도로나 자동차전용도로에서의 **횡단·유턴 또는 후진 위반**사고
⑤ **속도위반(20km/h 초과) 과속**사고
⑥ **앞지르기의 방법·금지시기·금지장소 또는 끼어들기 금지 위반**사고
⑦ **철길 건널목 통과방법 위반**사고
⑧ **보행자 보호의무 위반**사고
⑨ **무면허운전**사고
⑩ **주취운전·약물복용운전** 사고
⑪ **보도침범·보도횡단방법 위반**사고
⑫ **승객추락방지의무 위반**사고
⑬ **어린이보호구역에서 안전의무를 위반**하여 어린이의 신체를 상해에 이르게 한 사고
⑭ 자동차의 **화물이 떨어지지 않도록 필요한 조치를 하지 않고 운전**한 경우

교통사고의 사망사고

① **사망사고의 정의** : 교통안전법 시행령 별표 3의2에 교통사고가 주된 원인이 되어 **교통사고 발생 시부터 30일 이내에 사람이 사망**한 사고라고 규정
② **반의사불벌죄의 예외** : 피해의 중대성과 심각성으로 인해 사고차량이 보험이나 공제에 가입되어 있더라도 형법 제268조에 따라 처벌
③ **벌점 부과** : 도로교통법령상 **교통사고 발생 후 72시간 내 사망**하면 **벌점 90점** 부과

> 🔍 **더 알아보기**
>
> 교통사고의 인적피해 구분
> ※ 교통안전법 시행령 별표 3의2
> 1) 사망사고 : 교통사고가 주된 원인이 되어 **교통사고 발생 시부터 30일 이내에 사람이 사망**한 사고
> 2) 중상사고 : 교통사고로 인하여 다친 사람이 의사의 최초 진단 결과 **3주 이상의 치료**가 필요한 상해를 입은 사고
> 3) 경상사고 : 교통사고로 인하여 다친 사람이 의사의 최초 진단 결과 **5일 이상 3주 미만의 치료**가 필요한 상해를 입은 사고

도주차량 운전자의 가중처벌

① 피해자를 구호하는 등의 조치를 하지 아니하고 도주한 경우

피해자가 사망한 경우	무기 또는 5년 이상의 징역
피해자가 상해를 입은 경우	1년 이상 유기징역 또는 500만원 이상 3천만원 이하 벌금

② 피해자를 사고 장소로부터 옮겨 유기하고 도주한 경우

피해자가 사망한 경우	사형, 무기 또는 5년 이상의 징역
피해자가 상해를 입은 경우	3년 이상의 유기징역

도주사고 적용사례

① 사상 사실을 인식하고도 가버린 경우
② 피해자를 방치한 채 사고현장을 이탈, 도주한 경우
③ 사고현장에 있었어도 **사고사실을 은폐하기 위해 거짓진술·신고한 경우**
④ 부상피해자에 대한 적극적인 구호조치 없이 가버린 경우
⑤ 피해자가 **이미 사망했다고 하더라도 사체 안치, 후송 등 조치 없이 가버린 경우**
⑥ 피해자를 병원까지만 후송하고 계속 치료 받을 수 있는 조치 없이 도주한 경우
⑦ **운전자를 바꿔치기**하여 신고한 경우

신호·지시 위반사고의 종류

① 사전출발 신호 위반
② 주의(황색)신호에 무리한 진입
③ 신호를 무시하고 진행한 경우
④ 기타 : 교통사고처리특례법 개정으로 교통경찰공무원을 보조하는 사람의 수신호 사고 시 신호위반 적용 / 좌회전 신호 없는 교차로 좌회전 중 사고 시 신호 위반 적용(대형사고 예방 측면)

> 🔍 **더 알아보기**
> 황색주의신호의 의미
> 1) 황색주의신호 **기본 3초**(큰 교차로의 경우 **6초**)
> 2) 선·후신호 진행차량 간 사고예방을 위한 제도적 장치(3초 여유)
> 3) 대부분 선신호 차량 신호위반, 후신호 논스톱 사전진입 시 예외
> 4) 초당거리 역산 신호위반 입증

신호·지시 위반사고의 성립요건

항목	내용	예외사항
장소적 요건	• **신호기가 설치되어 있는 교차로나 횡단보도** • **경찰관 등의 수신호** • **규제표지판이 설치된** 지역(통행금지/진입금지/일시정지)	• 진행방향에 신호기가 설치되지 않은 경우 • **신호기의 고장이나 황색 점멸신호등의 경우** • 규제표지 외 표지판이 설치된 지역
피해자 요건	신호·지시 위반 차량에 충돌되어 **인적피해**를 입은 경우	**대물피해만 입은 경우 → 공소권 없음 처리**
운전자 과실	• **고의적 과실** • **부주의에 의한 과실**	• 불가항력적 과실 • 만부득이한 과실 • 교통상 적절한 행위는 예외
시설물 설치 요건	**특별시장·광역시장 또는 시장·군수가 설치한 신호기나 안전표지**	아파트단지 등 특정구역 내부 소통과 안전을 목적으로 **자체적으로 설치된 경우는 제외**

중앙선침범이 적용되는 경우

① 고의 또는 의도적인 중앙선침범 사고
② **현저한 부주의로 중앙선침범 이전에 선행된 중대한 과실사고** : 커브길 과속운행 / 빗길 과속운행 / 기타 현저한 부주의
③ **고속도로, 자동차전용도로에서 횡단, U턴 또는 후진 중 발생한** 사고
 ⇨ **예외** : 긴급자동차 / 도로보수 유지 작업차 / 사고응급조치 작업차

> **오답피하기** 역주행 자전거 충돌사고 시 자전거는 중앙선침범에 해당

중앙선침범이 적용되지 않는 경우

불가항력적 사고	뒤차의 추돌로 앞차가 밀린 경우 / 횡단보도에서 추돌사고(보행자 보호의무위반 적용) / 브레이크 파열 등 정비불량
사고피양 등 만부득이한 사고(안전운전 불이행 적용)	앞차의 정지를 보고 추돌 피하려다 / 보행자 피하려다 / 빙판길에 미끄러지면서
중앙선침범이 성립되지 않는 사고	중앙선이 없는 도로나 교차로의 중앙부분을 넘어서 난 사고 / 중앙선 도색이 마모되었을 때 중앙부분을 넘어서 난 사고 / 눈 또는 흙더미에 덮여 중앙선이 보이지 않는 경우 / 학교나 군부대 혹은 아파트 등 단지 내 사설중앙선침범사고

중앙선침범사고의 성립요건

항목	내용	예외사항
장소적 요건	• 황색 실선이나 점선의 중앙선이 설치되어 있는 도로 • 자동차전용도로나 고속도로에서의 횡단·유턴·후진	• 중앙선이 설치되어 있지 않은 경우 • 아파트단지·군부대 내 사설중앙선 • 일반도로에서의 횡단·유턴·후진
피해자 요건	• 중앙선침범 차량에 충돌되어 인적피해를 입은 경우 • 자동차전용도로나 고속도로에서의 횡단·유턴·후진차량에 충돌되어 인적피해를 입은 경우	대물피해만 입은 경우 → 공소권 없음 처리
운전자 과실	• 고의적 과실 • 현저한 부주의에 의한 과실	• 불가항력적 과실 • 만부득이한 과실
시설물 설치요건	도로교통법에 따라 시·도경찰청장이 설치한 중앙선	아파트단지 등 특정구역 내부 소통과 안전을 목적으로 자체적으로 설치된 경우는 제외

속도위반 과속사고

① 과속의 개념

일반적인 과속	도로교통법에 규정된 법정속도와 지정속도를 초과한 경우
교통사고처리특례법상의 과속	도로교통법에 규정된 법정속도와 지정속도를 20km/h **초과한 경우**

② 과속사고의 성립요건

항목	내용	예외사항
장소적 요건	도로에서의 사고	도로가 아닌 곳에서의 사고
피해자 요건	과속차량(20km/h 초과)에 충돌되어 **인적피해를 입은 경우**	• 제한속도 20km/h 이하 과속차량에 충돌되어 인적피해를 입은 경우 • 제한속도 20km/h 초과차량에 충돌되어 대물피해만 입은 경우
운전자 과실	제한속도 20km/h 초과하여 과속운행 중 사고를 야기한 경우	• 제한속도 20km/h 이하로 과속운행 중 사고를 야기한 경우 • 제한속도 20km/h 초과하여 과속운행 중 대물피해만 입은 경우

| 시설물 설치 요건 | 시·도경찰청장이 설치한 안전표지 중 규제표지(최고속도 제한표지)/노면표시(속도 제한표시) | 과속이 적용되지 않는 표지 : 서행표지 / 안전속도표지 |

> 🔍 **더 알아보기**
>
> 경찰에서 사용 중인 속도추정방법
> 1) 운전자의 진술
> 2) 스피드건
> 3) 타코그래프(운행기록계)
> 4) 제동흔적 등

앞지르기 방법·금지 위반사고의 성립요건

항목	내용	예외사항
장소적 요건	앞지르기 금지장소 : 교차로 / 터널 안 / 다리 위 / 도로의 구부러진 곳 / 비탈길의 고갯마루 부근 또는 가파른 비탈길의 내리막 등	앞지르기 금지장소 외 지역
피해자 요건	앞지르기 방법·금지 위반 차량에 충돌되어 인적피해를 입은 경우	• 앞지르기 방법·금지 위반 차량에 충돌되어 대물피해만 입은 경우 • 불가항력적, 만부득이한 경우 앞지르기하던 차량에 충돌되어 인적피해를 입은 경우
운전자 과실	• **앞지르기 금지 위반** 행위 : 병진 시 앞지르기 / 앞차의 좌회전 시 앞지르기 / 위험방지를 위한 정지·서행 시 앞지르기 / 앞지르기 금지장소에서의 앞지르기 / 실선의 중앙선 침범 앞지르기	불가항력, 만부득이한 경우 앞지르기 하던 중 사고
운전자 과실	• **앞지르기 방법 위반** 행위 : 우측 앞지르기 / 2개 차로 사이로 앞지르기	

철길 건널목 통과방법 위반사고

① 철길 건널목의 종류

1종 건널목	차단기, 건널목경보기 및 **교통안전표지**가 설치되어 있는 경우
2종 건널목	**경보기**와 건널목 **교통안전표지**만 설치하는 건널목
3종 건널목	건널목 **교통안전표지**만 설치하는 건널목

② 철길 건널목 통과방법을 위반한 운전자의 과실
- 철길 건널목 직전 일시정지 불이행
- 안전미확인 통행 중 사고
- 고장 시 승객대피, 차량이동 조치 불이행

보행자 보호의무 위반사고

① 보행자의 보호의무 : 보행자가 횡단보도를 통행하고 있는 때 **횡단보도 앞**(정지선이 설치되어 있는 곳에서는 그 정지선)에서 **일시정지**하여 보행자의 횡단을 방해하지 말 것
② 횡단보도 보행자 보호의무 위반사고 예외
- 보행자가 정지신호(**적색등화**) 시 횡단보도 건너던 중의 사고
- 보행자가 횡단보도 건너던 중 신호가 변경되어 중앙선에 서 있던 중의 사고
- 보행자가 주의신호(녹색등화 점멸)에 뒤늦게 횡단보도에 진입하여 건너던 중 정지신호(적색등화)로 변경된 후 사고

횡단보도에서 이륜차와 사고 발생 시

형태	결과	조치
이륜차를 타고 횡단보도 통행 중 사고	이륜차를 보행자로 볼 수 없고 제차로 간주하여 처리	안전운전 불이행 적용
이륜차를 끌고 횡단보도 보행 중 사고	보행자로 간주	보행자 보호의무 위반 적용
이륜차를 타고 가다 멈추고 한 발을 페달에, 한 발을 노면에 딛고 서 있던 중 사고	보행자로 간주	보행자 보호의무 위반 적용

무면허운전에 해당하는 경우

① **면허를 취득하지 않고** 운전하는 경우
② **유효기간이 지난** 운전면허증으로 운전하는 경우
③ **면허 취소처분**을 받은 자가 운전하는 경우
④ **면허정지 기간** 중에 운전하는 경우
⑤ 시험합격 후 **면허증 교부 전**에 운전하는 경우
⑥ **면허종별 외 차량**을 운전하는 경우
⑦ 위험물을 운반하는 **화물자동차가 적재중량 3톤을 초과**함에도 **제1종 보통운전면허**로 운전한 경우
⑧ **건설기계**(덤프트럭 / 아스팔트살포기 / 노상안정기 / 콘크리트믹서트럭 / 콘크리트펌프 / 트럭적재식 천공기)를 **제1종 보통운전면허**로 운전한 경우
⑨ 면허 있는 자가 도로에서 무면허자에게 운전연습을 시키던 중 사고를 야기한 경우
⑩ 군인(군속인 자)이 **군면허만 취득소지**하고 일반차량을 운전한 경우
⑪ 임시운전증명서 유효기간이 지나 운전 중 사고를 야기한 경우
⑫ **외국인**으로 국제운전면허를 **받지 않고** 운전하는 경우
⑬ 외국인으로 입국하여 **1년이 지난** 국제운전면허증을 소지하고 운전하는 경우

> **오답피하기** 무면허운전이 성립하지 않는 장소
> 특정인만 출입하는 장소로 교통경찰권이 미치지 않는 장소(현실적으로 불특정 다수의 사람 또는 차마의 통행을 위하여 공개된 장소가 아닌 곳에서의 운전)

음주운전에 해당하는 경우

① **도로**에서 음주운전
② 불특정 다수의 사람 또는 차마의 통행을 위하여 **공개된 장소**에서 음주운전
③ **공개되지 않는 통행로**(공장 / 관공서 / 학교 / 사기업 등 정문 안쪽 통행로)와 같이 문, 차단기에 의해 도로와 차단되고 관리되는 장소의 통행로에서 음주운전
④ 술을 마시고 **주차장 또는 주차선 안**에서 운전하여도 처벌 대상

> **오답피하기** 음주운전에 해당하지 않는 경우
> 술을 마시고 운전을 하였더라도 도로교통법에서 정한 음주 기준(혈중 알코올 농도 0.03% 이상)에 해당하지 않으면 음주운전이 아님

일단정지와 일시정지의 비교

구분	내용	사례
일단 정지	반드시 차마가 멈추어야 하는 행위 자체에 대한 의미(운행의 순간적 정지)	길가의 건물이나 주차장 등에서 도로에 들어가고자 하는 때
일시 정지	반드시 차마가 멈추어야 하되 얼마간의 시간 동안 정지 상태를 유지해야 하는 교통상황적 의미(정지상황의 일시적 전개)	• 철길 건널목을 통과할 때 • 횡단보도상에 보행자가 통행할 때 • 교통정리가 행하여지고 있지 아니한 교통이 빈번한 교차로를 통행할 때

일시 정지	• 어린이, 영유아, 앞을 보지 못하는 사람이 도로를 횡단하는 때

승객추락 방지의무 위반사고의 성립요건

※ 승객추락 방지의무 위반사고 = 개문발차 사고

항목	내용	예외사항
자동차 요건	승용·승합·화물·건설기계 등 **자동차**에만 적용	이륜자동차, 자전거 등 제외
피해자 요건	탑승객이 승하차 중 개문된 상태로 발차하여 승객이 추락함으로써 **인적피해**를 입은 경우	적재되었던 화물이 추락하여 발생한 경우
운전자 과실	차의 문이 열려있는 상태로 발차한 행위	차량정차 중 피해자의 과실사고와 차량 뒤 적재함에서의 추락사고의 경우

오답피하기 개문발차 사고의 적용 배제
- 개문 당시 승객의 **손이나 발이 끼어** 사고가 난 경우
- 택시의 경우 목적지에 도착하여 **승객 자신이 출입문 개폐 도중** 사고가 발생한 경우

화물자동차 운수사업법의 목적

① 화물자동차 **운수사업을 효율적으로 관리**하고 건전하게 육성
② **화물의 원활한 운송**을 도모
③ **공공복리의 증진**에 기여

화물자동차의 규모·유형별 세부기준

① 화물자동차의 규모별 세부기준

화물자동차	경형	초소형	배기량이 250시시(전기자동차의 경우 최고출력이 15킬로와트) 이하이고, 길이 3.6미터·너비 1.5미터·높이 2.0미터 이하인 것
		일반형	배기량이 1,000시시(전기자동차의 경우 최고출력이 80킬로와트) 미만이고, 길이 3.6미터·너비 1.6미터·높이 2.0미터 이하인 것
	소형		최대적재량이 1톤 이하이고, 총중량이 3.5톤 이하인 것
	중형		최대적재량이 1톤 초과 5톤 미만이거나, 총중량이 3.5톤 초과 10톤 미만인 것
	대형		최대적재량이 5톤 이상이거나, 총중량이 10톤 이상인 것
특수자동차	경형	초소형	배기량이 250시시(전기자동차의 경우 최고출력이 15킬로와트) 이하이고, 길이 3.6미터·너비 1.5미터·높이 2.0미터 이하인 것
		일반형	배기량이 1,000시시(전기자동차의 경우 최고출력이 80킬로와트) 미만이고, 길이 3.6미터·너비 1.6미터·높이 2.0미터 이하인 것
	소형		총중량이 3.5톤 이하인 것
	중형		총중량이 3.5톤 초과 10톤 미만인 것
	대형		총중량이 10톤 이상인 것

② 화물자동차의 유형별 세부기준

화물자동차	일반형	보통의 화물운송용인 것
	덤프형	**적재함을 원동기의 힘으로 기울여 적재물을 중력에 의하여 쉽게 미끄러뜨리는 구조**의 화물운송용인 것
	밴형	**지붕구조의 덮개가 있는** 화물운송용인 것
	특수용도형	특정한 용도를 위하여 특수한 구조로 하거나 기구를 장치한 것으로, 위 어느 형에도 속하지 아니하는 화물운송용인 것

특수자동차	견인형	피견인차의 견인을 전용으로 하는 구조인 것
	구난형	고장·사고 등으로 운행이 곤란한 자동차를 구난·견인할 수 있는 구조인 것
	특수용도형	위 어느 형에도 속하지 아니하는 특수용도용인 것

> **더 알아보기**
>
> 밴형 화물자동차의 요건
> 1) 물품적재장치의 바닥면적이 승차장치의 바닥면적보다 넓을 것
> 2) 승차정원이 3명 이하일 것(다음의 어느 하나에 해당하는 경우는 예외)
>   - 「경비업법」에 따라 호송경비업무 허가를 받은 경비업자의 호송용 차량
>   - 2001년 11월 30일 전에 화물자동차 운송사업 등록을 한 6인승 밴형 화물자동차

화물자동차 운수사업의 종류

화물자동차 운송사업	다른 사람의 요구에 응하여 화물자동차를 사용하여 **화물을 유상으로 운송하는 사업** ⇨ 화주가 화물자동차에 함께 탈 때의 화물은 중량, 용적, 형상 등이 여객자동차 운송사업용 자동차에 싣기 부적합한 것으로 그 기준과 대상차량 등은 국토교통부령으로 정함
화물자동차 운송주선사업	다른 사람의 요구에 응하여 유상으로 화물운송계약을 **중개·대리**하거나 화물자동차 운송사업 또는 화물자동차 운송가맹사업을 경영하는 자의 화물 운송수단을 이용하여 **자기 명의와 계산**으로 화물을 운송하는 사업(화물이 이사화물인 경우에는 포장 및 보관 등 부대서비스를 함께 제공하는 사업을 포함)
화물자동차 운송가맹사업	다른 사람의 요구에 응하여 **자기 화물자동차를 사용**하여 유상으로 화물을 운송하거나 **화물정보망**(인터넷 홈페이지 및 이동통신단말장치에서 사용되는 응용프로그램을 포함)을 통하여 **소속 화물자동차 운송가맹점**(운송사업자 및 화물자동차 운송사업의 경영의 일부를 위탁받은 사람인 운송가맹점만을 말함)에 **의뢰**하여 화물을 운송하게 하는 사업

화물자동차 운송사업 결격사유

① **피성년후견인** 또는 **피한정후견인**
② **파산선고**를 받고 복권되지 아니한 자
③ 화물자동차 운수사업법을 위반하여 **징역 이상의 실형**을 선고받고 그 **집행이 끝나거나**(집행이 끝난 것으로 보는 경우 포함) 집행이 **면제된 날부터 2년**이 지나지 아니한 자
④ 화물자동차 운수사업법을 위반하여 **징역 이상의 형의 집행유예**를 선고받고 그 유예기간 중에 있는 자
⑤ 다음의 사유로 **허가가 취소된 후 2년**이 지나지 아니한 자
   - 허가를 받은 후 **6개월간의 운송실적**이 국토교통부령으로 정하는 기준에 미달한 경우
   - **허가기준**을 충족하지 못하는 경우
   - **5년마다** 허가기준에 관한 사항을 신고하지 아니하였거나 **거짓**으로 신고한 경우
⑥ **부정한 방법**으로 허가나 변경허가를 받거나, 변경허가를 받지 아니하고 **허가사항을 변경**한 경우 허가가 취소된 후 **5년**이 지나지 아니한 자

화물자동차 운수사업의 허가권자 등

① 화물자동차 운송사업 / 화물자동차 운송주선사업 / 화물자동차 운송가맹사업의 **허가권자 : 국토교통부장관**

> **오답피하기** 화물자동차 운송사업의 허가가 불필요한 경우
> 화물자동차 운송가맹사업의 허가를 받은 자

> **더 알아보기**
>
> 화물자동차 운송사업 허가사항 변경신고의 대상
> 1) 상호의 변경
> 2) 대표자의 변경(법인인 경우만 해당)
> 3) 화물취급소의 설치 또는 폐지
> 4) 화물자동차의 대폐차
> 5) 주사무소·영업소 및 화물취급소의 이전(단, 주사무소의 경우 관할관청의 행정구역 내에서의 이전만 해당)

② 운수사업에 제공되는 **공영차고지 설치권자**
- **특별시장·광역시장·특별자치시장·도지사·특별자치도지사**
- **시장·군수·구청장(자치구의 구청장)**
- 「공공기관의 운영에 관한 법률」에 따른 공공기관 중 **대통령령으로 정하는 공공기관**
  - 인천국제공항공사 / 한국공항공사 / 한국도로공사 / 한국철도공사 / 한국토지주택공사 / 항만공사
- 「지방공기업법」에 따른 **지방공사**

적재물배상보험 등의 의무가입대상

① 의무가입대상
- **최대 적재량이 5톤 이상이거나 총중량이 10톤 이상인 화물자동차** 중 일반형·밴형 및 특수용도형 화물자동차와 견인형 특수자동차를 소유하고 있는 운송사업자
- **이사화물을 취급**하는 운송주선사업자
- **운송가맹사업자**

② 적재물배상보험 등 가입 예외
- 건축폐기물·쓰레기 등 **경제적 가치가 없는 화물**을 운송하는 차량으로서 **국토교통부장관**이 정하여 고시하는 화물자동차
- 「대기환경보전법」에 따른 배출가스저감장치를 차체에 부착함에 따라 **총중량이 10톤 이상이 된 화물자동차 중 최대 적재량이 5톤 미만**인 화물자동차
- 특수용도형 화물자동차 중 「**자동차관리법**」에 따른 **피견인자동차**

적재물배상보험의 의무가입범위 등

① 가입범위 : 적재물배상 책임보험 또는 공제에 가입하려는 자는 다음의 구분에 따라 **사고 건당 2천만원**[화물자동차 운송주선사업의 허가를 받은 자(운송주선사업자)가 이사화물운송만을 주선하는 경우에는 **500만원**] 이상의 금액을 지급할 책임을 지는 적재물배상보험 등에 가입하여야 함

운송사업자	각 **화물자동차별**로 가입
운송주선사업자	각 **사업자별**로 가입
운송가맹사업자	화물자동차를 **직접 소유**한 자는 각 **화물자동차별** 및 각 **사업자별**로, 그 외의 자는 각 **사업자별**로 가입

② 책임보험계약 등의 해제
- 화물자동차 **운송사업의 허가사항이 변경(감차만을 말한다)된 경우**
- 화물자동차 운송사업을 **휴업하거나 폐업**한 경우
- 화물자동차 **운송사업의 허가가 취소되거나 감차 조치 명령**을 받은 경우
- 화물자동차 **운송주선사업의 허가가 취소된 경우**
- 화물자동차 **운송가맹사업의 허가사항이 변경(감차만을 말한다)된 경우**
- 화물자동차 운송가맹사업의 허가가 취소되거나 감차 조치 명령을 받은 경우
- **적재물배상보험 등에 이중 가입**되어 하나의 책임보험계약 등을 해제하거나 해지하려는 경우
- 보험회사 등이 **파산** 등의 사유로 영업을 계속할 수 없는 경우
- 그 밖에 위의 규정에 준하는 경우로서 대통령령으로 정하는 경우

③ 책임보험계약 등의 **계약종료일 통지** : 보험회사 등은 자기와 책임보험계약 등을 체결하고 있는 보험 등 의무가입자에게 그 **계약종료일 30일 전**까지 그 계약이 끝난다는 사실을 알려야 함

화물자동차 운수사업의 운전업무 종사자격

화물자동차 운수사업의 운전업무에 종사하려는 자는 ① 및 ②의 요건을 갖춘 후 ③ 또는 ④의 요건을 갖추어야 함

① **국토교통부령**으로 정하는 **연령·운전경력** 등 운전업무에 필요한 요건을 갖출 것

② 국토교통부령으로 정하는 운전적성에 대한 정밀검사기준에 맞을 것(운전적성에 대한 정밀검사는 국토교통부장관이 시행)
③ 화물자동차 운수사업법령, 화물취급요령 등에 관하여 국토교통부장관이 시행하는 **시험에 합격하고 정하여진 교육을 받을 것**
④ **「교통안전법」**에 따른 교통안전체험에 관한 연구·교육시설에서 교통안전체험, 화물취급요령 및 화물자동차 운수사업법령 등에 관하여 국토교통부장관이 실시하는 **이론 및 실기 교육을 이수할 것**

> **더 알아보기**
> 화물자동차 운전자의 연령·운전경력 등의 요건
> 1) 화물자동차를 운전하기에 적합한 「도로교통법」에 따른 운전면허를 가지고 있을 것
> 2) 20세 이상일 것
> 3) 운전경력이 2년 이상일 것(다만, 여객자동차 운수사업용 자동차 또는 화물자동차 운수사업용 자동차를 운전한 경력이 있는 경우에는 그 운전경력이 1년 이상이어야 함)

운전적성 정밀검사기준

신규검사	• 화물운송 종사자격증을 **취득하려는 사람** • 다음에 해당하는 날을 기준으로 최근 3년 이내에 신규검사의 **적합판정을 받은** 사람은 **제외** - 국토교통부장관이 시행하는 시험실시일 - 국토교통부장관이 실시하는 이론 및 실기교육(교통안전체험교육) 시작일
자격유지검사	• 「여객자동차 운수사업법」에 따른 여객자동차 운송사업용 자동차 또는 「화물자동차 운수사업」에 따른 화물자동차 운수사업용 자동차의 운전업무에 종사하다가 퇴직한 사람으로서 신규검사 또는 자격유지검사를 받은 날부터 **3년이 지난 후 재취업**하려는 사람(단, 재취업일까지 무사고로 운전한 사람은 제외) • 신규검사 또는 자격유지검사의 적합판정을 받은 사람으로서 해당 검사를 받은 날부터 3년 이내에 취업하지 아니한 사람(단, 해당 검사를 받은 날부터 취업일까지 무사고로 운전한 사람은 제외)
자격유지검사	• 65세 이상 70세 미만인 사람(단, 자격유지검사의 적합판정을 받고 3년이 지나지 않은 사람은 제외) • 70세 이상인 사람(단, 자격유지검사의 적합판정을 받고 1년이 지나지 않은 사람은 제외)
특별검사	• 교통사고를 일으켜 사람을 사망하게 하거나 5주 이상의 치료가 필요한 상해를 입힌 사람 • 과거 1년간 「도로교통법 시행규칙」에 따른 운전면허행정처분기준에 따라 산출된 누산점수가 81점 이상인 사람

화물운송종사자 자격시험과 교육

① 시험과목
- **교통 및 화물자동차 운수사업 관련 법규**
- **안전운행에 관한 사항**
- **화물취급요령**
- **운송서비스에 관한 사항**
② 합격자 교육과목(한국교통안전공단 / 8시간)
- 화물자동차 운수사업법령 및 도로관계법령
- 교통안전에 관한 사항
- 화물취급요령에 관한 사항
- **자동차 응급처치방법**
- 운송서비스에 관한 사항

화물운송자격증명의 게시 및 반납

① 게시 : 운전석 앞 창의 오른쪽 위에 항상 게시하고 운행
② 반납(관할관청) : 사업의 양도 신고를 하는 경우/ 화물자동차 운전자의 화물운송 종사자격이 취소되거나 효력이 정지된 경우
 ⇨ 관할관청에 반납 / **협회에 통지**

> **오답피하기** 협회에 반납해야 하는 경우
> • 퇴직한 화물자동차 운전자의 명단을 제출하는 경우
> • 화물자동차 운송사업의 휴업 또는 폐업 신고를 하는 경우

자가용 화물자동차의 유상운송 금지의 예외

① 천재지변이나 이에 준하는 **비상사태**로 인하여 **수송력 공급을 긴급히 증가시킬 필요**가 있는 경우
② 사업용 화물자동차·철도 등 화물운송수단의 운행이 불가능하여 이를 일시적으로 대체하기 위한 수송력 공급이 긴급히 필요한 경우
③ 「농어업경영체 육성 및 지원에 관한 법률」에 따라 설립된 **영농조합법인**이 그 사업을 위하여 **화물자동차를 직접 소유·운영**하는 경우

> **오답피하기** 자가용 화물자동차의 유상운송의 금지
> - 자가용 화물자동차의 소유자 또는 사용자는 유상(그 자동차의 운행에 필요한 경비 포함)으로 화물운송용으로 제공·임대 불가
> - **국토교통부령**으로 정하는 사유에 해당되는 경우 **시·도지사의 허가**를 받으면 **가능**

> 🔍 **더 알아보기**
> 자가용 화물자동차 사용신고
> 1) 화물자동차 운송사업과 화물자동차 운송가맹사업에 이용되지 아니하고 자가용으로 사용되는 화물자동차로 특수자동차
> 2) 특수자동차를 제외한 화물자동차로서 최대 적재량이 2.5톤 이상인 화물자동차로 사용하려는 자는 국토교통부령으로 정하는 사항을 시·도지사에게 신고하여야 함
> ⇨ 신고한 사항을 변경하려는 때에도 동일

화물자동차 운수사업법 과징금 부과기준

(단위 : 만원)

위반내용	처분내용			
	화물자동차 운송사업		화물운송주선사업	화물자동차 운송가맹사업
	일반	개인		
최대 적재량 1.5톤 초과의 화물자동차가 해당 운송사업자의 차고지, 다른 운송사업자의 차고지, 공영차고지, 화물자동차 휴게소, 화물터미널, 지방자치단체의 **조례로 정하는** 시설 및 장소가 **아닌 곳**에서 **밤샘주차**한 경우	20	10	-	20
최대 적재량 1.5톤 이하의 화물자동차가 주차장, 차고지 또는 지방자치단체의 **조례로 정하는** 시설 및 장소가 **아닌 곳**에서 **밤샘주차**한 경우	20	5	-	20
신고한 운임 및 요금 또는 화주와 합의된 운임 및 요금이 아닌 **부당한 운임 및 요금을 받은 경우**	40	20	-	40
화주로부터 **부당한** 운임 및 요금의 **환급을 요구받고 환급하지 않은 경우**	60	30	-	60
신고한 **운송약관 또는 운송가맹약관**을 준수하지 않은 경우	60	30	-	60
사업용 화물자동차의 바깥쪽에 일반인이 알아보기 쉽도록 해당 운송사업자의 명칭(개인화물자동차 운송사업자인 경우에는 "개인화물")을 표시하지 않은 경우(단, 국토교통부장관이 화물의 원활한 운송을 위하여 필요하다고 인정하여 공고하는 경우는 제외)	10	5	-	10
화물자동차 운전자의 취업 현황 및 퇴직 현황을 보고하지 않거나 거짓으로 보고한 경우	20	10	-	10

위반 내용				
화물자동차 운전자에게 차 안에 **화물운송 종사자격증명을 게시하지 않**고 운행하게 한 경우	10	5	-	10
화물자동차 운전자에게 「자동차 및 자동차부품의 성능과 기준에 관한 규칙」에 따른 운행기록계가 설치된 운송사업용 화물자동차를 해당 장치 또는 기기가 정상적으로 작동되지 않는 상태에서 운행하도록 한 경우	20	10	-	20
개인화물자동차 운송사업자가 자기 명의로 운송계약을 체결한 화물에 대하여 다른 운송사업자에게 수수료나 그 밖의 대가를 받고 그 운송을 위탁하거나 대행하게 하는 등 **화물운송 질서를 문란**하게 하는 행위를 한 경우	180	90	-	-
운수종사자에게 **휴게시간을 보장하지 않은** 경우	180	60	-	180
밴형 화물자동차를 사용해 화주와 화물을 함께 운송하는 운송사업자가 일정한 장소에 오랜 시간 정차하여 화주를 **호객하는 행위**를 하거나 소속 운수종사자로 하여금 같은 행위를 지시한 경우	60	30	-	60
신고한 운송주선약관을 준수하지 않은 경우	-	-	20	-
허가증에 기재되지 않은 상호를 사용한 경우	-	-	20	-
화주에게 **견적서 또는 계약서를 발급하지 않은** 경우(화주가 견적서 또는 계약서의 발급을 원하지 않는 경우 제외)	-	-	20	-
화주에게 **사고확인서를 발급하지 않은** 경우(화물의 멸실, 훼손 또는 연착에 대하여 사업자가 고의 또는 과실이 없음을 증명하지 못한 경우로 한정)	-	-	20	-

유가보조금 개념

화물자동차 유류세 연동 보조금	2001년 에너지 세제 개편으로 유류세 인상분의 일부 또는 전부를 보조
화물자동차 유가 연동 보조금	물가관계차관회의(2025.6.16.) 결과로 경유 가격의 일부를 보조
화물자동차 수소 연료보조금	2021년 수소연료 가격보조 제도 도입에 따라 수소를 구매하는 경우 그 비용의 일부 또는 전부를 보조

유가보조금 지급대상과 범위

① 지급대상 : 화물자동차 중 경유, LPG, 수소를 연료로 사용하는 차량 → 화물차주의 청구에 따라 해당 차량의 화물차주에게 지급하며 운송사업의 경우 직영차량은 운송사업자가, 위·수탁차량은 위·수탁차주가 지급 청구·수령권 보유

② 지급범위
- 적법한 절차에 따라 화물자동차 운송사업 및 화물자동차 운송가맹사업을 허가받거나 화물자동차 운송사업을 위탁받은 자가 구매한 유류
- 경유, LPG 또는 수소를 연료로 사용하는 사업용 화물자동차 중 「화물자동차 운수사업법」, 「자동차손해배상 보장법」 및 다른 법령 등에 의해 사업 또는 운행의 제한을 받지 않는 차량

> **오답피하기** 화물자동차 유가 연동 보조금
> 경유를 연료로 사용하는 사업용 화물자동차만 적용

유가보조금 지급한도

① 경유를 연료로 사용하는 사업용 화물자동차의 월 지급한도량 : 최대적재량 기준

톤급 구분	1톤 이하	3톤 이하	5톤 이하	8톤 이하	10톤 이하	12톤 이하	12톤 초과
월 지급 한도량(L)	683	1,014	1,547	2,220	2,700	3,059	4,308

② LPG를 연료로 사용하는 화물자동차의 지급한도량 : 경유를 연료로 사용하는 화물자동차 지급한도량의 50%를 가산하여 적용

③ 구난형 및 특수작업형 특수자동차의 지급한도량 : 총중량 기준

톤급 구분	10톤 미만	10톤 이상	20톤 이상
구난형(L)	683	1,014	1,014
특수 작업형(L)	683	683	1,014

④ 수소를 연료로 사용하는 사업용 화물자동차의 월 지급한도량 : 최대적재량 기준

톤급 구분	10톤 이하	12톤 이하	12톤 초과
월 지급 한도량(Kg)	807	913	1,284

유가보조금 지급액

유가보조금 지급액은 주유업자가 통보한 주유량에 지급단가를 곱하여 산정하는 것을 원칙으로 하며, 지급한도량의 범위 내에서 지급

화물자동차 유류세 연동 보조금	유류 구매일 현재 유류세액에서 2001년 6월 당시 유류세액(경유 리터당 183.21원, LPG 리터당 23.89원)을 뺀 나머지 금액으로 산정
화물자동차 유가 연동 보조금	• {경유가격(원/L)-기준가격(1,700원/L)}의 50% ※ 다만, 183.21원/L를 초과하지 못함 • 지급단가를 산정 시 경유가격 : 한국석유공사가 제공하는 유가정보서비스(www.opinet.co.kr) 발표 자료에 따라, 차량의 등록지에 속하는 "지역별 주유소 평균가격"에서 주유 받은 직전 주의 평균가격을 적용(지역을 알기 어려운 경우에는 전국 평균 판매가격을 적용할 수 있음)
화물자동차 수소 연료보조금	5,000원/kg으로 적용(화물자동차 연료의 가격변동 등을 고려하여 단가 조정 가능)

화물차주의 행위금지 사항 및 제재

① 화물차주의 행위금지 사항
- 지급 대상이 아닌 유종을 구매하거나 운송실적 또는 유류사용량을 부풀려 유가보조금을 지급받거나 이에 공모·가담하는 행위
- 화물자동차 운수사업이 아닌 다른 목적에 사용한 유류분에 대하여 유가보조금을 지급받거나 이에 공모·가담하는 행위
- 유류구매카드에 표기된 자동차등록번호 이외의 차량에 유류구매카드를 사용하거나 이에 공모·가담하는 행위
- 화물차주가 주유시마다 결제하지 않거나 거래내역을 남기지 않고 나중에 일괄 결제하여 유가보조금을 지급받은 행위

 오답피하기 외상거래카드로 거래 후 체크카드로 일괄 결제하는 경우 등은 제외

- 유류구매카드를 주유업자 등 제3자에게 양도·대여하거나 위탁·보관하여 유가보조금을 지급받거나 이에 공모·가담하는 행위

② 위반 시 제재 : 관할관청은 유가보조금을 부정한 방법으로 지급받은 것이 확인된 경우 그 화물차주에 대하여 다음의 조치

- 화물차주가 부정한 방법으로 지급받은 유가보조금 환수(화물차주가 유가보조금 환수 명령에도 불구하고 납부하지 않을 경우 차기 보조금에서 환수 금액 차감)
- 행위금지사항 1회 위반 시 6개월, 2회 이상 위반 시 1년 지급정지
- 필요한 경우 형사고발 등의 조치(1년 이하의 징역 또는 1천만원 이하의 벌금)

자동차관리법의 목적

자동차의 **등록**, **안전기준**, **자기인증**, **제작결함 시정**, 점검, 정비, 검사 및 **자동차관리사업** 등에 관한 사항을 정하여 자동차를 **효율적**으로 관리하고 자동차의 **성능 및 안전을 확보**함으로써 **공공의 복리**를 증진함을 목적으로 함

자동차관리법의 적용 제외 자동차

① 「건설기계관리법」에 따른 **건설기계**
② 「농업기계화 촉진법」에 따른 **농업기계**
③ 「군수품관리법」에 따른 **차량**
④ **궤도 또는 공중선**에 의하여 **운행**되는 차량
⑤ 「의료기기법」에 따른 **의료기기**

> **더 알아보기**
>
> **자동차의 종류**
>
> | 승용자동차 | 10인 이하를 운송하기에 적합하게 제작된 자동차 |
> |---|---|
> | 승합자동차 | 11인 이상을 운송하기에 적합하게 제작된 자동차(단, 내부의 특수한 설비로 인하여 승차인원이 10인 이하로 된 자동차 / 국토교통부령으로 정하는 경형자동차로서 승차인원이 10인 이하인 전방조종자동차에 해당하는 경우 승차인원과 관계없이 승합자동차로 봄) |
> | 화물자동차 | 화물을 운송하기에 적합한 화물적재공간을 갖추고, 화물적재공간의 총적재화물의 무게가 운전자를 제외한 승객이 승차공간에 모두 탑승했을 때의 승객의 무게보다 많은 자동차 |
> | 특수자동차 | 다른 자동차를 **견인하거나 구난작업** 또는 특수한 용도로 사용하기에 적합하게 제작된 자동차로서 승용자동차·승합자동차 또는 화물자동차가 아닌 자동차 |
> | 이륜자동차 | 총배기량 또는 정격출력의 크기와 관계없이 1인 또는 2인의 사람을 운송하기에 적합하게 제작된 이륜의 자동차 및 그와 유사한 구조로 되어 있는 자동차 |

자동차의 변경등록과 이전등록

① **변경등록** : 등록원부의 기재사항이 변경된 경우 **시·도지사**에게 **변경등록**(사유가 **발생한 날부터 30일 이내**)을 신청
② **이전등록** : 등록된 자동차를 양수받는 자는 시·도지사에게 자동차 소유권의 이전등록을 신청

> **더 알아보기**
>
> **이전등록 신청기간**
> 1) 매매의 경우 : 매수한 날부터 **15일 이내**
> 2) 증여의 경우 : 증여를 받은 날부터 **20일 이내**
> 3) 상속의 경우 : 상속개시일이 속하는 달의 말일부터 **6개월 이내**
> 4) 그 밖의 사유로 인한 **소유권이전**의 경우 : 사유가 발생한 날부터 **15일 이내**

자동차의 말소등록 사유

① 자동차해체재활용업자에게 **폐차**를 요청한 경우
② 자동차제작·판매자 등에게 **반품**한 경우
③ 「여객자동차 운수사업법」에 따른 **차령(車齡)**이 초과된 경우

④ 「여객자동차 운수사업법」 및 「화물자동차 운수사업법」에 따라 면허·등록·인가 또는 신고가 **실효되거나 취소**된 경우
⑤ 천재지변·교통사고 또는 화재로 자동차 본래의 기능을 회복할 수 없게 되거나 멸실된 경우
⑥ 자동차를 **수출**하는 경우
※ 신청 가능 사유 : 압류등록을 한 후에도 환가 절차 등 후속 강제집행 절차가 진행되고 있지 아니하는 차량 중 차령 등 대통령령으로 정하는 기준에 따라 환가가치가 남아 있지 아니하다고 인정되는 경우 / 자동차를 교육·연구의 목적으로 사용하는 등 대통령령으로 정하는 사유에 해당하는 경우

화물자동차의 정기검사와 종합검사

① 화물자동차의 정기검사 유효기간

구분			검사 유효기간
사업용 구분	규모	차령	
비사업용 화물자동차	경형·소형	차령이 4년 이하인 경우	2년
		차령이 4년 초과인 경우	1년
비사업용 화물자동차	중형·대형	차령이 5년 이하인 경우	1년
		차령이 5년 초과인 경우	6개월
사업용 화물자동차	경형·소형	모든 차령	1년(신조차로서 신규검사를 받은 것으로 보는 자동차의 **최초 검사 유효기간은 2년**)
	중형	차령이 5년 이하인 경우	1년
		차령이 5년 초과인 경우	6개월
사업용 화물자동차	대형	차령이 2년 이하인 경우	1년
		차령이 2년 초과인 경우	6개월

> **더 알아보기**
>
> 자동차의 차령기산일
> 1) 제작연도에 등록된 자동차 : 최초의 신규등록일
> 2) 제작연도에 등록되지 아니한 자동차 : 제작연도의 말일

② 화물자동차의 종합검사 유효기간

검사대상			검사 유효기간
사업용 구분	규모	대상 차령	
비사업용 화물자동차	경형·소형	**차령이 4년 초과인** 자동차	1년
	중형	차령이 3년 초과인 자동차	차령 5년까지는 1년, 이후부터는 6개월
	대형	차령이 3년 초과인 자동차	차령 5년까지는 1년, 이후부터는 6개월
사업용 화물자동차	경형·소형	**차령이 2년 초과인** 자동차	1년
	중형	차령이 2년 초과인 자동차	차령 5년까지는 1년, 이후부터는 6개월
	대형	차령이 2년 초과인 자동차	6개월

> **더 알아보기**
>
> 정기검사 또는 종합검사를 받지 않은 경우 과태료
> 1) 지연기간이 30일 이내인 경우 : 4만원
> 2) 지연기간이 30일 초과 114일 이내인 경우 : 4만원에 31일째부터 계산하여 3일 초과 시마다 2만원을 더한 금액
> 3) 지연기간이 115일 이상인 경우 : 60만원

도로법의 제정목적과 도로의 정의

① 제정목적 : **도로망의 계획수립, 도로 노선의 지정**, 도로공사의 시행과 도로의 시설기준, 도로의 관리·보전 및 비용 부담 등에 관한 사항을 규정하여 **국민이 안전하고 편리하게 이용할 수 있는 도로의 건설과 공공복리의 향상**에 이바지함을 목적으로 함

② 정의 : 도로란 차도, 보도, 자전거도로, 측도, 터널, 교량, 육교 등 대통령령으로 정하는 시설로 구성됨 **(도로의 부속물 포함)**

대통령령으로 정하는 시설	차도·보도·자전거도로 및 측도 / 터널·교량·지하도 및 육교(해당 시설에 설치된 엘리베이터를 포함) / 궤도 / 옹벽·배수로·길도랑·지하통로 및 무넘기시설 / 도선장 및 도선의 교통을 위하여 수면에 설치하는 시설
종류 및 등급	**고속국도**(고속국도의 지선 포함) → **일반국도**(일반국도의 지선 포함) → **특별시도·광역시도** → **지방도** → **시도** → **군도** → **구도**
도로의 부속물	• 주차장, 버스정류시설, 휴게시설 등 도로이용 지원시설 • 시선유도표지, 중앙분리대, 과속방지시설 등 도로안전시설 • 통행료 징수시설, 도로관제시설, 도로관리사업소 등 도로관리시설 • 도로표지 및 교통량 측정시설 등 교통관리시설 • 낙석방지시설, 제설시설, 식수대 등 도로에서의 재해 예방 및 구조 활동, 도로환경의 개선·유지 등을 위한 도로부대시설 • 그 밖에 도로의 기능 유지 등을 위한 시설로서 대통령령으로 정하는 시설

③ 도로에 관한 금지행위 : **도로를 파손하는 행위** / 도로에 토석, 입목·죽(竹) 등 **장애물을 쌓아놓는 행위** / 그 밖에 **도로의 구조나 교통에 지장을 주는 행위**

④ 도로를 파손하여 교통을 방해하거나 교통에 위험을 발생하게 한 경우 : **10년 이하의 징역이나 1억원 이하의 벌금**

도로법상 운행의 제한

① 운행을 제한할 수 있는 차량
- **축하중**(軸荷重)이 **10톤**을 초과하거나 총중량이 **40톤**을 초과하는 차량
- **차량의 폭이 2.5m, 높이가 4.0m**(도로 구조의 보전과 통행의 안전에 지장이 없다고 도로관리청이 인정하여 고시한 도로의 경우에는 **4.2m**), 길이가 **16.7m**를 초과하는 차량
- 도로관리청이 특히 도로 구조의 보전과 통행의 안전에 지장이 있다고 인정하는 차량

② 제한차량 운행허가 신청
- 운행허가 신청서 기재사항 : **운행하려는 도로의 종류 및 노선명 / 운행구간 및 그 총 연장 / 차량의 제원 / 운행기간 / 운행목적 / 운행방법**
- 첨부서류 : 차량검사증 또는 차량등록증 / 차량 중량표 / 구조물 통과 하중 계산서

> 🔍 더 알아보기
>
> 운행제한 위반 시 벌칙
> 1) 정당한 사유 없이 도로관리청의 **적재량 재측정** 요구에 따르지 아니한 자 : 1년 이하의 징역이나 1천만원 이하의 벌금
> 2) 운행제한을 위반한 **차량의 운전자**, 차량의 운전자에게 운행제한을 위반한 운행을 지시·요구하거나 적재된 화물의 중량을 사실과 다르게 고지한 자 : 500만원 이하의 과태료

대기환경보전법의 제정목적과 용어

① 제정목적 : 대기오염으로 인한 **국민건강**이나 환경에 관한 위해를 예방하고 대기환경을 **적정**하고 지속가능하게 **관리·보전**하여 모든 **국민이 건강하고 쾌적한 환경에서 생활**할 수 있게 하는 것을 목적으로 함

② 대기환경보전법상 용어의 정의

대기오염 물질	대기 중에 존재하는 물질 중 심사·평가 결과 대기오염의 원인으로 인정된 가스·입자상물질로 환경부령으로 정하는 것
온실가스	적외선 복사열을 흡수하거나 다시 방출하여 온실효과를 유발하는 대기 중의 가스상태 물질로 **이산화탄소, 메탄, 아산화질소, 수소불화탄소, 과불화탄소, 육불화황**
가스	물질이 연소·합성·분해될 때에 발생하거나 물리적 성질로 인하여 발생하는 기체상 물질
입자상 물질	물질이 파쇄·선별·퇴적·이적(移積)될 때, 그 밖에 기계적으로 처리되거나 연소·합성·분해될 때에 발생하는 고체상 또는 액체상의 미세한 물질
먼지	대기 중에 떠다니거나 흩날려 내려오는 입자상물질
매연	연소할 때에 생기는 **유리 탄소**가 주가 되는 **미세한 입자상물질**
검댕	연소할 때에 생기는 유리 탄소가 응결하여 **입자의 지름이 1미크론 이상이 되는 입자상 물질**
촉매제	배출가스를 줄이는 효과를 높이기 위하여 배출가스저감장치에 사용되는 화학물질로 환경부령으로 정하는 것
저공해 자동차	• 대기오염물질의 배출이 없는 자동차 • 제작차의 배출허용기준보다 오염물질을 적게 배출하는 자동차
배출가스 저감장치	자동차 또는 건설기계에서 배출되는 **대기오염물질을 줄이기 위하여** 자동차 또는 건설기계에 부착 또는 교체하는 장치로 **환경부령으로 정하는 저감효율에 적합**한 장치
공회전 제한장치	자동차에서 배출되는 대기오염물질을 줄이고 연료를 절약하기 위하여 자동차에 부착하는 장치

자동차배출가스의 규제

① 저공해자동차의 운행 등 : **시·도지사 또는 시장·군수**는 관할 지역의 대기질 개선 또는 기후·생태계 변화유발물질 배출감소를 위하여 필요하다고 인정하면 그 지역에서 운행하는 자동차 및 건설기계 중 차령과 대기오염물질 또는 기후·생태계 변화유발물질 배출정도 등에 관하여 환경부령으로 정하는 요건을 충족하는 자동차 및 건설기계의 소유자에게 그 시·도 또는 시·군의 조례에 따라 그 자동차 및 건설기계에 대하여 다음의 조치를 하도록 명령하거나 조기에 폐차할 것을 권고할 수 있음
- 저공해자동차 또는 저공해건설기계로의 전환 또는 개조
- 배출가스저감장치의 부착 또는 교체 및 배출가스 관련 부품의 교체
- 저공해엔진(혼소엔진 포함)으로의 개조 또는 교체

② 공회전의 제한 : **시·도지사**는 자동차의 배출가스로 인한 대기오염 및 연료 손실을 줄이기 위하여 필요하다고 인정하면 그 시·도의 조례로 정하는 바에 따라 **터미널, 차고지, 주차장** 등의 장소에서 **자동차의 원동기를 가동한 상태로 주차하거나 정차하는 행위를 제한**할 수 있음

> **더 알아보기**
>
> 공회전 제한장치 부착명령 대상 자동차
> 1) 「여객자동차 운수사업법 시행령」에 따른 시내버스운송사업에 사용되는 자동차
> 2) 「여객자동차 운수사업법 시행령」에 따른 일반택시운송사업(군단위를 사업구역으로 하는 운송사업은 제외)에 사용되는 자동차
> 3) 「화물자동차 운수사업법 시행령」에 따른 화물자동차운송사업에 사용되는 최대 적재량이 1톤 이하인 밴형 화물자동차로서 택배용으로 사용되는 자동차

③ 운행차의 수시점검 : **환경부장관, 특별시장·광역시장·특별자치시장·특별자치도지사·시장·군수·구청장**은 자동차에서 배출되는 배출가스가 운행차배출허용기준에 맞는지 확인하기 위하여 도로나 주차장 등에서 **자동차의 배출가스 배출상태를 수시로 점검**하여야 함

> **더 알아보기**
>
> 운행차 수시점검의 면제
> 1) 환경부장관이 정하는 저공해자동차
> 2) 「도로교통법」 및 동법 시행령에 따른 긴급자동차
> 3) 군용 및 경호업무용 등 국가의 특수한 공용 목적으로 사용되는 자동차

운행차의 배출가스 정밀검사 유효기간

차종		정밀검사대상 자동차	유효기간
비사업용	승용자동차	차령 4년 경과된 자동차	2년
	경형·소형의 승합·화물자동차	차령 4년 경과된 자동차	1년
	그 밖의 자동차	차령 3년 경과된 자동차	
사업용	승용자동차	차령 2년 경과된 자동차	1년
	경형·소형의 승합자동차	차령 4년 경과된 자동차	
	그 밖의 자동차	차령 2년 경과된 자동차	

대기환경보전법상 과태료

500만원 이하 과태료	자동차에 온실가스 배출량을 **표시하지 아니하거나 거짓**으로 표시한 자
300만원 이하 과태료	• 저공해자동차 또는 저공해건설기계로의 전환 또는 개조 명령, 배출가스저감장치의 부착·교체 명령 또는 배출가스 관련 부품의 교체 명령, 저공해엔진(혼소엔진 포함)으로의 **개조 또는 교체 명령을 이행하지 아니한** 자 • 배출시설 등의 운영상황을 기록·보존하지 아니하거나 거짓으로 기록한 자
200만원 이하 과태료	운행차의 **수시점검에 따르지 아니하거나 기피 또는 방해한** 자

오답피하기 자동차의 원동기 가동제한을 위반한 자동차
- 1차 위반 : 과태료 5만원
- 2차 위반 : 과태료 5만원
- 3차 위반 : 과태료 5만원

CHAPTER 02 | 화물취급요령

과적의 위험성

① 엔진, 차량 자체 및 운행하는 도로 등에 악영향
② 자동차의 핸들 조작, 제동장치조작, 속도조절 등 곤란
③ 내리막길 운행 중 브레이크 파열이나 적재물 쏠림에 의한 위험

화물의 적재 및 결박 요령

① 차량의 적재함 **가운데부터 좌우로** 적재
② 앞쪽이나 뒤쪽으로 중량이 치우치지 않도록 함
③ 적재함 아래쪽에 비하여 위쪽에 무거운 중량의 화물을 적재하지 않도록 함
④ 화물의 이동(운행 중 쏠림)을 방지하기 위하여 **윗부분부터 아래 바닥까지 팽팽히 고정**

색다른 화물 운송차량의 운행 시 유의사항

드라이 벌크 탱크(Dry bulk tanks) 차량	일반적으로 무게중심이 높고 적재물이 쏠리기 쉬우므로 **커브길이나 급회전 시** 주의
냉동차량	냉동설비 등으로 인해 무게중심이 높기 때문에 **급회전할 때 특별한 주의 및 서행운전** 필요
가축 또는 살아있는 동물을 운반하는 차량	무게중심이 이동하면 전복될 우려가 있으므로 **커브길 등에서 특별히 주의**
비정상화물(Oversized loads)을 운반할 때	길이가 긴 화물, 폭이 넓은 화물 또는 부피에 비하여 중량이 무거운 화물 등 비정상화물을 운반하는 때에는 적재물의 특성을 알리는 **특수장비**를 갖추거나 **경고표시**를 하는 등 운행에 **특별히 주의**

운송장의 기능

① **계약서** 기능
② **화물인수증** 기능
③ **운송요금 영수증** 기능
④ **정보처리 기본자료**
⑤ **배달에 대한 증빙**(배송에 대한 증거서류 기능)
⑥ **수입금 관리자료**
⑦ **행선지 분류정보** 제공(작업지시서 기능)

오답피하기 지출금 관리자료(×), 수입내용(×)

운송장의 형태

※ 운송장 제작비의 절감, 취급절차의 간소화 목적 등에 따른 구분

기본형 운송장 (포켓타입)	• 업체별로 디자인에 다소 차이는 있으나 기록되는 내용은 대동소이 • 구성 : 송하인용 / 전산처리용 / 수입관리용 / 배달표용 / 수하인용
보조 운송장	• **동일 수하인에게 다수의 화물이 배달될 때** 운송장 비용을 절약하기 위하여 사용하는 운송장 • 간단한 기본적인 내용과 원운송장을 연결시키는 내용만 기록
스티커형 운송장	• 운송장 제작비와 전산 입력비용을 절약하기 위하여 기업고객과 완벽한 **EDI(전자문서교환 : Electronic Data Interchange) 시스템이 구축될 수 있는 경우**에 이용 • 배달표형 스티커 운송장과 바코드 절취형 스티커 운송장이 있음

운송장에 기록해야 할 사항

① 운송장 번호와 바코드
② 송하인 주소, 성명 및 전화번호
③ 수하인 주소, 성명 및 전화번호
④ 주문번호 또는 고객번호
⑤ 화물명
⑥ 화물의 가격
⑦ 화물의 크기(중량, 사이즈)
⑧ 운임의 지급방법
⑨ 운송요금
⑩ 발송지(집하점)
⑪ 도착지(코드)
⑫ 집하자(集荷者)
⑬ 인수자 날인
⑭ 특기사항
⑮ 면책사항
⑯ 화물의 수량

오답피하기 화물의 도착예정일(×)

운송장 부착요령

① 원칙적으로 접수 장소에서 **매 건마다 작성**하여 화물에 부착
② 물품의 **정중앙 상단**에 뚜렷하게 보이도록 부착
③ 물품 정중앙 상단에 부착이 어려운 경우 최대한 잘 보이는 곳에 부착
④ 박스 모서리나 후면 또는 측면에 부착하여 혼동을 주어서는 안 됨
⑤ 운송장이 **떨어지지 않도록 손으로 잘 눌러서** 부착
⑥ 운송장을 부착할 때에는 **운송장과 물품이 정확히 일치하는지 확인**하고 부착
⑦ 운송장을 화물포장 표면에 부착할 수 없는 **소형, 변형화물은 박스에 넣어 수탁한 후 부착**하고, 작은 소포의 경우에도 운송장 부착이 가능한 박스에 포장하여 수탁한 후 부착

⑧ 박스 물품이 아닌 쌀, 매트, 카펫 등은 물품의 정중앙에 운송장을 부착하며, 테이프 등을 이용하여 운송장이 떨어지지 않도록 조치하되, **운송장의 바코드가 가려지지 않도록** 함
⑨ 운송장이 떨어질 우려가 큰 물품의 경우 송하인의 동의를 얻어 포장재에 수하인 주소 및 전화번호 등 필요한 사항을 기재
⑩ 월불(月拂) 거래처의 경우 물품 상자를 재사용하는 경우가 많아 운송장이 이중으로 부착되는 경우가 발생하기 쉬우므로, **운송장 2개가 한 개의 물품에 부착되는 경우가 발생하지 않도록** 상차할 때마다 확인 ⇨ 2개 운송장이 부착된 물품이 도착되었을 때에는 바로 집하지점에 통보하여 확인
⑪ **기존에 사용하던 박스를 사용하는 경우**에 구 운송장이 그대로 방치되면 물품의 오분류가 발생할 수 있으므로 반드시 **구 운송장은 제거하고 새로운 운송장을 부착**하여 1개의 화물에 2개의 운송장이 부착되지 않도록 함
⑫ **취급주의 스티커의 경우 운송장 바로 우측 옆에 붙여서 눈에 띄게 함**

포장의 구분

개장	물품 개개의 포장 ⇨ 물품의 **상품가치를 높이기 위해** 또는 물품 개개를 보호하기 위해 적절한 재료, 용기 등으로 물품을 포장하는 방법 및 포장한 상태 [**낱개포장(단위포장)**]
내장	포장 화물 내부의 포장 ⇨ 물품에 대한 수분, 습기, 광열, 충격 등을 고려하여 적절한 재료, 용기 등으로 물품을 포장하는 방법 및 포장한 상태[**속포장(내부포장)**]
외장	포장 화물 외부의 포장 ⇨ 물품 또는 포장 물품을 상자, 포대, 나무통 및 금속관 등의 용기에 넣거나 용기를 사용하지 않고 결속하여 기호, 화물표시 등을 하는 방법 및 포장한 상태[**겉포장(외부포장)**]

포장의 기능

보호성	내용물을 보호하는 것은 포장의 가장 기본적인 기능으로 제품의 품질유지에 불가결한 요소
표시성	인쇄, 라벨 붙이기 등 포장에 의해 표시가 쉬워짐
상품성	생산 공정을 거쳐 만들어진 물품은 자체 상품뿐만 아니라 포장을 통해 상품화가 완성
편리성	공업포장, 상업포장에 공통된 것으로서 설명서, 증서, 서비스품, 팜플릿 등을 넣거나 진열이 쉽고 수송, 하역, 보관에 편리함
효율성	작업효율이 양호한 것을 의미하며, 구체적으로는 생산, 판매, 하역, 수배송 등의 작업이 효율적으로 이루어짐
판매 촉진성	판매의욕을 환기시킴과 동시에 광고 효과가 많이 나타남

포장의 분류

포장 목적에 따른 분류	상업포장(소비자 포장, 판매포장) / 공업포장(수송포장)
포장 재료의 특성에 따른 분류	유연포장 / 강성포장 / 반강성포장
포장방법(포장기법)에 따른 분류	방수포장 / 방습포장 / 방청포장 / 완충포장 / 진공포장 / 압축포장 / 수축포장

🔍 **더 알아보기**

상업포장과 공업포장
1) 상업포장 : 판매를 촉진시키는 기능, 진열판매의 편리성, 작업의 효율성을 도모하는 기능이 중요시되는 포장
2) 공업포장 : 물품의 **수송·보관**을 주목적으로 하는 포장으로, 포장의 기능 중 수송·하역의 편리성이 중요시되는 포장

창고 내 작업 및 입·출고 작업요령

① 창고 내에서 작업할 때에는 어떠한 경우라도 **흡연을 금함**
② 화물적하장소에 무단으로 출입하지 않음
③ 화물더미의 화물을 출하할 때에는 화물더미 **위에서부터 순차적으로** 층계를 지으면서 헐어냄
④ 화물더미의 **상층과 하층에서 동시에 작업**을 하지 않음
⑤ **상차용 컨베이어(conveyor)**를 이용하여 타이어 등을 상차할 때는 **타이어 등이 떨어지거나 떨어질 위험이 있는 곳에서 작업을 해선 안 됨**

포대화물의 인접 하적단 사이 간격

2m 이상 포대화물 하적단 사이 간격 : 10cm 이상

트랙터 차량의 캡과 적재물의 간격

① 120cm 이상으로 유지
② 경사주행 시 : 캡과 적재물 충돌로 차량파손 및 인체상의 상해 발생 가능

인력운반중량 권장기준

일시작업	시간당 2회 이하	성인 남자(25kg~30kg)
		성인 여자(15kg~20kg)
계속작업	시간당 3회 이상	성인 남자(10kg~15kg)
		성인 여자(5kg~10kg)

물품을 들어 올릴 때의 자세 및 방법

① 몸의 균형을 유지하기 위해서 발은 어깨 넓이만큼 벌리고 물품으로 향함
② **물품과 몸의 거리는 물품의 크기에 따라 다르나, 물품을 수직으로 들어 올릴 수 있는 위치에 몸을 준비함**
③ 물품을 들 때는 **허리를 똑바로 펴야** 함
④ 다리와 어깨의 근육에 힘을 넣고 팔꿈치를 바로 펴서 서서히 물품을 들어올림
⑤ 허리의 힘으로 드는 것이 아니고 **무릎을 굽혀 펴는 힘**으로 물품을 듦

수작업 운반과 기계작업 운반의 기준

수작업 운반기준	· 두뇌작업이 필요한 작업 : 분류 / 판독 / 검사 · 얼마동안 시간 간격을 두고 되풀이되는 소량취급 작업 · 취급물품의 형상, 성질, 크기 등이 일정하지 않은 작업 · 취급물품이 **경량물**인 작업
기계작업 운반기준	· 단순하고 반복적인 작업 : 분류 / 판독 / 검사 · 표준화되어 있어 지속적으로 운반량이 **많은** 작업 · 취급물품의 **형상, 성질, 크기 등이 일정한** 작업 · 취급물품이 **중량물**인 작업

위험물 탱크로리 취급 시 확인·점검

① 탱크로리에 **커플링(coupling)**은 잘 연결되었는지 확인 / **접지**는 연결시켰는지 확인
② **플랜지(flange)** 등 연결부분에 **새는 곳은 없는지** 확인
③ **플렉서블 호스(flexible hose)**는 고정시켰는지 확인
④ 누유된 위험물은 **회수**하여 처리
⑤ 인화성물질을 취급할 때에는 소화기를 준비하고, 흡연자가 없는지 확인

⑥ 주위 **정리정돈상태**는 양호한지 점검
⑦ 담당자 이외에는 손대지 않도록 조치
⑧ 주위에 **위험표지**를 설치

파렛트 화물의 붕괴 방지요령

밴드걸기 방식	나무상자를 파렛트에 쌓는 경우의 붕괴 방지에 많이 사용되는 방법
주연어프 방식	파렛트의 가장자리(주연)를 높게 하여 포장화물을 안쪽으로 기울여, 화물이 갈라지는 것을 방지하는 방법
슬립 멈추기 시트삽입 방식	포장과 포장 사이에 미끄럼을 멈추는 시트를 넣음으로써 안전을 도모하는 방법
풀 붙이기 접착 방식	파렛트 화물의 붕괴 방지대책의 자동화·기계화가 가능하고, 비용도 저렴한 방식
수평 밴드걸기 풀 붙이기 방식	풀 붙이기와 밴드걸기 방식을 병용한 것으로, 화물의 붕괴를 방지하는 효과를 한층 더 높이는 방법
슈링크 방식	열수축성 플라스틱 필름을 파렛트 화물에 씌우고 슈링크 터널을 통과시킬 때 가열하여 필름을 수축시켜 파렛트와 밀착시키는 방식
스트레치 방식	스트레치 포장기를 사용하여 플라스틱 필름을 파렛트 화물에 감아 움직이지 않게 하는 방법
박스 테두리 방식	파렛트에 테두리를 붙이는 박스 파렛트와 같은 형태는 화물이 무너지는 것을 방지하는 효과가 큼

하역 시의 충격

① 하역 시의 충격 중 가장 큰 충격 : 낙하충격
 ⇨ 낙하충격이 화물에 미치는 영향은 낙하의 높이, 낙하면의 상태 등 낙하상황과 포장의 방법에 따라 다름

② 수하역의 경우 낙하의 높이

견하역	100cm 이상
요하역	10cm 정도
파렛트 쌓기의 수하역	40cm 정도

고속도로 운행제한차량

① 차량의 축하중이 **10톤을 초과**하는 차량
② 차량의 총중량이 **40톤을 초과**하는 차량
③ 적재물을 포함한 차량의 길이가 **16.7m를 초과**하는 차량
④ 적재물을 포함한 차량의 폭이 **2.5m를 초과**하는 차량
⑤ 적재물을 포함한 차량의 높이가 **4.0m를 초과**(도로 구조의 보전과 통행의 안전에 지장이 없다고 도로관리청이 인정하여 고시한 도로의 경우에는 **4.2m**)하는 차량

차량호송 시 고속도로 운행허가차량

① 적재물을 포함하여 차폭 **3.6m** 또는 길이 **20m**를 초과하는 차량으로서 운행상 호송이 필요하다고 인정되는 경우
② 구조물통과 하중계산서를 필요로 하는 중량제한차량
③ 주행속도 **50km/h 미만**인 차량의 경우

인수증 관리요령

① 인수증은 반드시 인수자 확인란에 수령인이 누구인지 **인수자가 자필로 바르게 적도록** 함
② 수령인 구분 : 본인, 동거인, 관리인, 지정인, 기타 등으로 구분하여 확인
③ 같은 장소에 여러 박스를 배송할 때에는 인수증에 반드시 **실제 배달한 수량을 기재** 받아 차후에 수량 차이로 인한 시비가 발생하지 않게 함
④ 수령인이 물품의 수하인과 다른 경우 반드시 **수하인과의 관계를 기재**할 것
⑤ 지점에서는 회수된 인수증 관리를 철저히 하고, 인수근거가 없는 경우 **즉시 확인**하여 인수인계 근거를 명확히 관리하여야 함 ⇨ 물품 인도일 기준으로 1년 이내 인수근거요청이 있으면 입증 자료를 제시할 수 있어야 함

고객 유의사항 확인 요구 물품

① 중고 가전제품 및 A/S용 물품
② 기계류, 장비 등 중량 고가물로 **40kg 초과** 물품
③ 포장 부실물품 및 무포장 물품(비닐포장 또는 쇼핑백 등)
④ 파손 우려 물품 및 내용검사가 부적당하다고 판단되는 부적합 물품

산업현장의 일반적인 화물자동차 호칭

보닛 트럭	원동기부의 덮개가 운전실의 앞쪽에 나와 있는 트럭
캡 오버 엔진 트럭	원동기의 전부 또는 대부분이 운전실의 아래쪽에 있는 트럭
밴	상자형 화물실을 갖추고 있는 트럭으로 지붕이 없는 것(오픈 톱형)도 포함
픽업	화물실의 지붕이 없고, 옆판이 운전대와 일체로 되어 있는 화물자동차
탱크차	탱크모양의 용기와 펌프 등을 갖추고 오로지 물, 휘발유와 같은 액체를 수송하는 특수 장비 자동차
덤프차	화물대를 기울여 적재물을 중력으로 쉽게 미끄러지게 내리는 구조의 특수 장비 자동차
레커차	크레인 등을 갖추고, 고장차의 앞 또는 뒤를 매달아 올려서 수송하는 특수 장비자동차

트레일러의 종류

풀 트레일러 (Full trailer)	총하중이 트레일러만으로 지탱되도록 설계되어 선단에 견인구 즉, 트랙터를 갖춘 트레일러
세미 트레일러 (Semi-trailer)	세미 트레일러용 트랙터에 연결하여, 총하중의 일부분이 견인하는 자동차에 의해서 지탱되도록 설계된 트레일러
폴 트레일러 (Pole trailer)	기둥, 통나무 등 장척의 적하물 자체가 트랙터와 트레일러의 연결부분을 구성하는 구조의 트레일러
돌리(Dolly)	**세미 트레일러와 조합해서 풀 트레일러로 하기 위한 견인구를 갖춘 대차**

트레일러의 구조 형상에 따른 종류

평상식 (Flat bed, platform and straight-frame trailer)	전장의 프레임 상면이 평면의 하대를 가진 구조로 **일반화물**이나 강재 등의 수송에 적합
저상식 (Low bed trailer)	적재할 때 전고가 낮은 하대를 가진 트레일러(trailer)로 불도저나 기중기 등 **건설장비**의 운반에 적합
중저상식 (Drop bed trailer)	저상식 트레일러 가운데 프레임 중앙 하대부가 오목하게 낮은 트레일러로 대형 핫코일(hot coil)이나 중량 블록 화물 등 **중량화물**의 운반에 편리함
스케레탈 트레일러 (Skeletal trailer)	컨테이너 운송을 위해 제작된 트레일러로 전·후단에 컨테이너 고정장치가 부착되어 있고, 20피트용, 40피트용 등의 종류가 있음
밴 트레일러 (Van trailer)	하대부분에 밴형의 보데가 장치된 트레일러로 **일반잡화 및 냉동화물** 등의 운반용으로 사용
오픈 탑 트레일러 (Open top trailer)	밴형 트레일러의 일종으로 천장에 개구부가 있어 채광이 들어가게 만든 고척화물 운반용
특수용도 트레일러	덤프 트레일러 / 탱크 트레일러 / 자동차 운반용 트레일러 등

적재함 구조에 따른 화물자동차의 종류

카고트럭	하대에 간단히 접는 형식의 문짝을 단 차량으로 우리나라에서 가장 보유대수가 많고 일반화된 것
전용 특장차	차량의 적재함을 특수한 화물에 적합하도록 구조를 갖추거나 특수한 작업이 가능하도록 기계장치를 부착한 차량 예) 덤프트럭 / 믹서차량 / 벌크차량 / 액체 수송차 / 냉동차 등
합리화 특장차	화물을 싣거나 내릴 때 발생하는 하역을 합리화하는 설비기기를 차량 자체에 장비하고 있는 차 예) 실내 하역기기 장비차 / 측방 개폐차 / 쌓기·내리기 합리화차 / 시스템 차량 등

인수거절 가능 이사화물
(이사화물 표준약관 제7조)

① 현금, 유가증권, 귀금속, 예금통장, 신용카드, 인감 등 **고객이 휴대할 수 있는 귀중품**
② 위험물, 불결한 물품 등 **다른 화물에 손해를 끼칠 염려가 있는 물건**
③ 동식물, 미술품, 골동품 등은 운송에 특수한 관리를 요하기 때문에 다른 화물과 **동시에 운송하기에 적합하지 않은 물건**
④ 일반이사화물의 종류, 무게, 부피, 운송거리 등에 따라 운송에 적합하도록 포장할 것을 사업자가 요청하였으나 고객이 이를 거절한 물건

계약해제
(이사화물 표준약관 제9조)

① 고객의 책임 있는 사유로 계약을 해제한 경우에는 다음의 손해배상액을 사업자에게 지급함
⇨ 고객이 이미 지급한 계약금이 있는 경우에는 그 금액을 공제할 수 있음

고객이 약정된 이사화물의 인수일 1일 전까지 해제를 통지한 경우	계약금
고객이 약정된 이사화물의 인수일 당일에 해제를 통지한 경우	계약금의 배액

② 사업자의 책임 있는 사유로 계약을 해제한 경우에는 다음의 손해배상액을 고객에게 지급함
⇨ 고객이 이미 지급한 계약금이 있는 경우에는 손해배상액과는 별도로 그 금액도 반환함

사업자가 약정된 이사화물의 인수일 2일 전까지 해제를 통지한 경우	계약금의 배액
사업자가 약정된 이사화물의 인수일 1일 전까지 해제를 통지한 경우	계약금의 4배액
사업자가 약정된 이사화물의 인수일 당일에 해제를 통지한 경우	계약금의 6배액
사업자가 약정된 이사화물의 인수일 당일에도 해제를 통지하지 않은 경우	계약금의 10배액

③ 이사화물의 인수가 사업자의 귀책사유로 약정된 인수일시로부터 **2시간 이상 지연된 경우**: 고객은 계약을 해제하고 이미 **지급한 계약금의 반환 및 계약금 6배액**의 손해배상 청구 가능

손해배상
(이사화물 표준약관 제14조)

① 연착되지 않은 경우

전부 또는 일부 멸실된 경우	약정된 인도일과 도착장소에서의 이사화물의 가액을 기준으로 산정한 손해액의 지급
훼손된 경우	수선이 가능한 경우에는 수선해 주고, 수선이 불가능한 경우에는 "전부 또는 일부 멸실된 경우"에 의함

② 연착된 경우

멸실 및 훼손되지 않은 경우	계약금의 10배액 한도에서 약정된 인도일시로부터 연착된 1시간마다 계약금의 반액을 곱한 금액(연착 시간수×계약금×1/2)의 지급 ⇨ 연착시간수의 계산에서 1시간 미만의 시간은 산입하지 않음
일부 멸실된 경우	"① 연착되지 않은 경우의 전부 또는 일부 멸실된 경우"의 금액 및 "② 연착된 경우의 멸실 및 훼손되지 않은 경우"의 금액 지급
훼손된 경우	수선이 가능한 경우에는 수선해 주고 "② 연착된 경우의 멸실 및 훼손되지 않은 경우"의 금액 지급, 수선이 불가능한 경우에는 "② 연착된 경우의 일부 멸실된 경우"에 의함

고객의 손해배상
(이사화물 표준약관 제15조)

① 고객의 책임 있는 사유로 이사화물의 인수가 지체된 경우
- 고객은 약정된 인수일시로부터 지체된 **1시간마다 계약금의 반액을 곱한 금액(지체시간수×계약금×1/2)**을 손해배상액으로 사업자에게 지급해야 함
- 계약금의 배액을 한도로 하며, 지체시간수의 계산에서 1시간 미만의 시간은 산입하지 않음

② 고객의 귀책사유로 이사화물의 인수가 약정된 일시로부터 **2시간 이상 지체된 경우**
- 사업자는 **계약을 해제**하고 **계약금의 배액**을 손해배상으로 청구할 수 있음
- 고객은 그가 이미 지급한 계약금이 있는 경우에는 손해배상액에서 그 금액을 공제할 수 있음

이사화물의 멸실, 훼손 또는 연착 시 면책
(이사화물 표준약관 제16조)

① 이사화물의 결함, 자연적 소모
② 이사화물의 성질에 의한 발화 / 폭발 / 물그러짐 / 곰팡이 발생 / 부패 / 변색 등
③ 법령 또는 공권력의 발동에 의한 운송의 금지, 개봉, 몰수, 압류 또는 제3자에 대한 인도
④ 천재지변 등 불가항력적인 사유
⇨ "①" 내지 "③"의 사유 발생에 대해서는 자신의 책임이 없음을 입증해야 함

멸실·훼손과 운임 등
(이사화물 표준약관 제17조)

① 이사화물이 천재지변 등 **불가항력적 사유** 또는 **고객의 책임 없는 사유**로 전부 또는 일부 멸실되거나 수선이 불가능할 정도로 훼손된 경우 : 사업자는 그 멸실·훼손된 이사화물에 대한 운임 등은 이를 **청구하지 못함** ⇨ 사업자가 이미 그 운임 등을 받은 때에는 이를 반환
② 이사화물이 그 성질이나 하자 등 고객의 책임 있는 사유로 전부 또는 일부 멸실되거나 수선이 불가능할 정도로 훼손된 경우 : 사업자는 그 멸실·훼손된 이사화물에 대한 운임 등도 이를 청구할 수 있음

책임의 특별소멸사유와 시효
(이사화물 표준약관 제18조)

① 이사화물의 일부 멸실 또는 훼손에 대한 사업자의 손해배상책임 : 고객이 **이사화물을 인도받은 날로부터 30일 이내**에 그 일부 멸실 또는 훼손의 사실을 사업자에게 통지하지 아니하면 소멸
② 이사화물의 멸실, 훼손 또는 연착에 대한 사업자의 손해배상책임 : 고객이 **이사화물을 인도받은 날로부터 1년이 경과하면 소멸**함(다만, 이사화물이 전부 멸실된 경우에는 약정된 인도일부터 기산)
⇨ 위 "①"·"②"는 사업자 또는 그 사용인이 이사화물의 일부 멸실 또는 훼손의 사실을 알면서 이를 숨기고 이사화물을 인도한 경우에는 적용되지 않음 (사업자의 손해배상책임은 고객이 **이사화물을 인도받은 날로부터 5년간 존속**)

사고증명서의 발행
(이사화물 표준약관 제19조)

이사화물이 운송 중에 멸실, 훼손 또는 연착된 경우 사업자는 고객의 요청이 있으면 그 멸실·훼손 또는 연착된 날로부터 **1년에 한하여 사고증명서 발행**

운송물의 수탁거절
(택배 표준약관 제12조)

① 고객(송하인)이 운송장에 필요한 사항을 기재하지 아니한 경우
② 사업자가 고객(송하인)에게 운송에 적합하지 아니한 운송물에 대하여 필요한 포장을 하도록 청구하거나, 고객(송하인)의 승낙을 얻고자 하였으나 고객(송하인)이 이를 거절하여 운송에 적합한 포장이 되지 않은 경우

③ 사업자가 운송장에 기재된 운송물의 종류와 수량에 관하여 고객(송하인)의 동의를 얻어 그 참여 하에 이를 확인하고자 하였으나 고객(송하인)이 그 확인을 거절하거나 운송물의 종류와 수량이 운송장에 기재된 것과 다른 경우
④ 운송물 1포장의 크기가 가로·세로·높이 세 변의 합이 (　)cm를 초과하거나, 최장변이 (　)cm를 초과하는 경우
⑤ 운송물 1포장의 무게가 (　)kg를 초과하는 경우
⑥ 운송물 **1포장의 가액이 300만원을 초과**하는 경우
⑦ 운송물의 인도예정일(시)에 따른 운송이 불가능한 경우
⑧ 운송물이 화약류, 인화물질 등 위험한 물건인 경우
⑨ 운송물이 밀수품, 군수품, 부정임산물 등 **위법한 물건인 경우**
⑩ 운송물이 현금, 카드, 어음, 수표, 유가증권 등 **현금화가 가능한 물건**인 경우
⑪ 운송물이 재생불가능한 계약서, 원고, 서류 등인 경우
⑫ 운송물이 살아 있는 동물이나 동물사체 등인 경우
⑬ 운송이 법령, 사회질서, 기타 선량한 풍속에 반하는 경우
⑭ 운송이 천재지변, 기타 불가항력적인 사유로 불가능한 경우

공동운송 또는 타 운송수단의 이용
(택배 표준약관 제13조)

사업자는 고객(송하인)의 이익을 해치지 않는 범위 내에서 수탁한 운송물을 다른 운송사업자와 협정을 체결하여 공동으로 운송하거나 다른 운송사업자의 운송수단을 이용하여 운송할 수 있음

운송물의 인도일
(택배 표준약관 제14조)

① 사업자는 운송장에 **인도예정일의 기재가 있는 경우**에는 그 기재된 날까지 운송물 인도
② 사업자는 운송장에 **인도예정일의 기재가 없는 경우**에는 운송장에 기재된 운송물의 수탁일로부터 인도예정장소에 따라 다음 일수에 해당하는 날까지 운송물 인도

일반 지역	도서, 산간벽지
2일	3일

③ 사업자는 수하인이 특정 일시에 사용할 운송물을 수탁한 경우에는 운송장에 기재된 인도예정일의 특정 시간까지 운송물 인도

수하인 부재 시의 조치
(택배 표준약관 제15조)

① 사업자는 운송물의 인도 시 고객(수하인)으로부터 인도확인을 받아야 하며, 고객(수하인)의 대리인에게 운송물을 인도하였을 경우에는 고객(수하인)에게 그 사실을 통지
② 사업자는 고객(수하인)의 부재로 인하여 운송물을 인도할 수 없는 경우에는 고객(송하인/수하인)과 협의하여 반송하거나, 고객(송하인/수하인)의 요청시 고객(송하인/수하인)과 합의된 장소에 보관하게 할 수 있으며, 이 경우 고객(수하인)과 합의된 장소에 보관하는 때에는 고객(수하인)에 인도가 완료된 것으로 함

손해배상
(택배 표준약관 제22조)

① 고객(송하인)이 운송장에 **운송물의 가액을 기재한 경우** 사업자의 손해배상

전부 또는 일부 멸실된 때		운송장에 기재된 운송물의 가액을 기준으로 산정한 손해액 또는 고객(송하인)이 입증한 운송물의 손해액(영수증 등)의 지급
훼손된 때		수선이 가능한 경우 실수선 비용(A/S 비용)을 지급하고 불가능한 경우 전부 또는 일부 멸실된 때에 준함
연착되고 일부 멸실 및 훼손되지 않은 때	일반적인 경우	인도예정일을 초과한 일수에 사업자가 운송장에 기재한 운임액(이하 '운송장기재운임액'이라 함)의 50%를 곱한 금액(초과일수×운송장기재운임액×50%)의 지급 ⇨ 운송장기재운임액의 200%를 한도로 함
	특정 일시에 사용할 운송물의 경우	운송장기재운임액의 200% 지급
연착되고 일부 멸실 또는 훼손된 때		전부 또는 일부 멸실 또는 훼손된 때에 준함

② 고객(송하인)이 운송장에 **운송물의 가액을 기재하지 않은 경우** 사업자의 손해배상 : 손해배상한도액은 **50만원**, 운송물의 가액에 따라 할증요금을 지급하는 경우의 손해배상한도액은 각 운송가액 구간별 운송물의 최고가액

전부 멸실된 때	인도예정일의 인도예정장소에서의 운송물 가액을 기준으로 산정한 손해액 또는 고객(송하인)이 입증한 운송물의 손해액(영수증 등)
일부 멸실된 때	인도일의 인도장소에서의 운송물 가액을 기준으로 산정한 손해액 또는 고객(송하인)이 입증한 운송물의 손해액(영수증 등)

③ 운송물의 멸실, 훼손 또는 연착이 사업자 또는 운송 위탁을 받은 자, 기타 운송을 위하여 관여된 자의 고의 또는 중대한 과실로 인하여 발생한 때 : 사업자는 모든 손해를 배상함

 책임의 특별소멸사유와 시효
(택배 표준약관 제25조)

① 운송물의 일부 멸실 또는 훼손에 대한 사업자의 손해배상책임 : 고객(수하인)이 운송물을 수령한 날로부터 **14일 이내**에 그 일부 멸실 또는 훼손의 사실을 고객(송하인)이 사업자에게 통지를 발송하지 아니하면 소멸

② 운송물의 일부 멸실, 훼손 또는 연착에 대한 사업자의 손해배상책임 : 고객(수하인)이 운송물을 수령한 날로부터 **1년이 경과하면 소멸**
   ⇨ 운송물이 전부 멸실된 경우에는 그 인도예정일로부터 기산

③ 사업자 또는 그 운송 위탁을 받은 자, 기타 운송을 위하여 관여된 자가 운송물의 일부 멸실 또는 훼손의 사실을 알면서 이를 숨기고 운송물을 인도한 경우에는 적용되지 않음
   ⇨ 사업자의 손해배상책임은 고객(수하인)이 운송물을 수령한 날로부터 **5년간 존속**

일반화물의 취급 표지
(한국산업표준 KS T ISO 780)

호칭	표지	내용
깨지기 쉬움, 취급주의		내용물이 깨지기 쉬운 것이므로 주의하여 취급할 것
갈고리 금지		갈고리를 사용해서는 안 됨
위 쌓기		화물의 올바른 윗 방향을 표시
직사광선 금지		태양의 직사광선에 화물을 노출시켜서는 안 됨
방사선 보호		방사선에 의해 상태가 나빠지거나 사용할 수 없게 될 수 있는 내용물 표시
젖음 방지		비를 맞으면 안 되는 포장화물
무게 중심 위치		취급되는 최소 단위 화물의 무게 중심을 표시
굴림 방지		굴려서는 안 되는 화물을 표시
손수레 사용 금지		손수레를 끼우면 안 되는 면 표시
지게차 취급 금지		지게차를 사용한 취급 금지
조임쇠 취급 표시		이 표시가 있는 면의 양쪽 면이 클램프의 위치라는 표시
조임쇠 취급 제한		이 표시가 있는 면의 양쪽에는 클램프를 사용하면 안 된다는 표시
적재 단수 제한		위에 쌓을 수 있는 동일한 포장 화물의 수 표시("n"은 한계 수)
적재 금지		포장의 위에 다른 화물을 쌓으면 안 된다는 표시
거는 위치		슬링을 거는 위치를 표시

CHAPTER 03 안전운행요령

도로교통 체계의 구성요소

① 운전자 및 보행자를 비롯한 **도로사용자**
② 도로 및 교통신호등 등의 **환경**
③ 차량

교통사고의 3대 요인, 4대 요인

3대 요인	인적요인 / 차량요인 / 도로·환경요인
4대 요인	인적요인 / 차량요인 / 도로요인 / 환경요인

인지, 판단, 조작

① 운전행동과정 : 인지 → 판단 → 조작
② 운전자 요인에 의한 교통사고 원인 : 인지과정의 결함 > 판단과정의 결함 > 조작과정의 결함

운전특성

운전자의 신체·생리적 조건	피로 / 약물 / 질병 등
운전자의 심리적 조건	흥미 / 욕구 / 정서 등

> 🔍 **더 알아보기**
> **기타 운전특성**
> 1) 운전특성은 사람 간 개인차가 있음
> 2) 환경조건과의 상호작용이 매우 가변적

운전과 관련된 시각특성

① 운전자는 운전에 필요한 정보의 대부분을 시각을 통하여 획득
② 속도가 빨라질수록 시력은 떨어짐
③ 속도가 빨라질수록 시야의 범위가 좁아짐
④ 속도가 빨라질수록 전방주시점은 멀어짐

정지시력

① 아주 밝은 상태에서 **1/3인치(0.85cm)** 크기의 글자를 **20피트(6.10m)** 거리에서 읽을 수 있는 사람의 시력
② 정상시력은 **20/20**으로 나타냄

도로교통법상의 시력기준

제1종 운전면허	두 눈을 동시에 뜨고 잰 시력이 **0.8 이상**, 양쪽 눈의 시력이 각각 **0.5 이상** ⇨ 다만 한쪽 눈을 보지 못하는 사람은 다른 쪽 눈의 시력이 **0.8 이상**
제2종 운전면허	두 눈을 동시에 뜨고 잰 시력이 **0.5 이상** ⇨ 다만 한쪽 눈을 보지 못하는 사람은 다른 쪽 눈의 시력이 **0.6 이상**
공통사항	**붉은색, 녹색 및 노란색**을 구별할 수 있어야 함

동체시력

① 동체시력 : 움직이는 물체(자동차, 사람 등) 또는 움직이면서(운전하면서) 다른 자동차나 사람 등의 물체를 보는 시력
② 동체시력의 특성
- **물체의 이동속도가 빠를수록** 상대적으로 **저하**
- **연령이 높을수록** 더욱 **저하**
- 장시간 운전에 의한 **피로상태에서도 저하**

> **더 알아보기**
> 운전속도와 동체시력
> 1) 정지시력이 1.2인 사람이 시속 50km로 운전하면서 고정된 대상물을 볼 때의 시력은 0.7 이하
> 2) 정지시력이 1.2인 사람이 시속 90km로 운전하면서 고정된 대상물을 볼 때의 시력은 0.5 이하

야간시력과 주시대상

① 사람이 입고 있는 옷 색깔의 영향
- 무엇인가 있다는 것을 인지하기 좋은 옷 색깔 : **흰색, 엷은 황색**의 순이며 흑색이 가장 인지하기 어려움
- 무엇인가가 사람이라는 것을 확인하기 좋은 옷 색깔 : **적색, 백색**의 순이며 흑색이 가장 확인하기 어려움
- 주시대상인 사람이 움직이는 방향을 알기 쉬운 옷 색깔 : 적색이 가장 쉬우며 흑색이 가장 알아보기 어려움

② 통행인의 노상위치와 확인거리

주간	운전자는 **중앙선에 있는 통행인**을 갓길에 있는 사람보다 **쉽게 확인** 가능
야간	대향차량 간의 전조등에 의한 현혹현상(눈부심 현상)으로 **중앙선상의 통행인**을 우측 갓길에 있는 통행인보다 **확인하기 어려움**

암순응

① 일광 또는 조명이 **밝은 조건에서 어두운 조건으로** 변할 때 사람의 눈이 그 상황에 적응하여 시력을 회복하는 것
② 상황에 따라 다르지만 대체로 완전한 암순응에는 **30분 혹은 그 이상** 걸리며 이것은 빛의 강도에 따라 좌우됨(터널은 5~10초 정도)

명순응

① 일광 또는 조명이 **어두운 조건에서 밝은 조건으로** 변할 때 사람의 눈이 그 상황에 적응하여 시력을 회복하는 것
② 상황에 따라 다르지만 명순응에 걸리는 시간은 암순응보다 빨라 **수초~1분**에 불과함

심경각과 심시력

① **전방에 있는 대상물까지의 거리를 목측하는 것을 심경각**이라고 하며, 그 기능이 **심시력**
② **심시력의 결함은 입체공간 측정의 결함**으로 인한 **교통사고를 초래할 수 있음**

시야와 주변시력

① 시야 : 정지한 상태에서 눈의 초점을 고정시키고 양쪽 눈으로 볼 수 있는 범위
② 정상적인 시력을 가진 사람의 시야범위 : 180°~200°
③ 시야범위 안에 있는 대상물이라 하더라도 시축에서 벗어나는 시각에 따라 시력이 저하됨
   ⇨ 시축에서 시각이 **3° 벗어나면 약 80% / 6° 벗어나면 약 90% / 12° 벗어나면 약 99%** 저하

속도와 시야

① 시야의 범위 : 자동차 속도에 반비례하여 좁아짐
② 정상시력을 가진 운전자의 정지 시 시야범위 : 약 180°~200°
   ⇨ 시속 40km로 운전 중이라면 **약 100°** / 시속 70km면 **약 65°** / 시속 100km면 **약 40°**로 속도가 높아질수록 시야의 범위는 점점 좁아짐

교통사고의 요인

간접적 요인	교통사고 발생을 용이하게 한 상태를 만든 조건 • 운전자에 대한 홍보활동 결여 또는 훈련의 결여 • 차량의 운전 전 점검습관의 결여 • 안전운전을 위하여 필요한 교육의 태만 • 안전지식 결여 • 무리한 운행계획 • 직장이나 가정에서의 원만하지 못한 인간관계
중간적 요인	• 운전자의 지능 • 운전자의 성격 • 운전자의 심신기능 • 불량한 운전태도 • 음주 및 과로
직접적 요인	사고와 직접 관계있는 것 • 사고 직전 과속과 같은 법규위반 • 위험인지의 지연 • 운전조작의 잘못, 잘못된 위기대처

교통사고 운전자의 특성

① 선천적 능력(타고난 심신기능의 특성) 부족
② 후천적 능력(학습에 의해서 습득한 운전에 관계되는 지식과 기능) 부족
③ 바람직한 동기와 사회적 태도(운전상태에 대하여 인지, 판단, 조작하는 태도) 결여
④ 불안정한 생활환경 등

운전자의 착각

크기의 착각	어두운 곳에서는 가로 폭보다 세로 폭을 보다 넓은 것으로 판단
원근의 착각	작은 것과 덜 밝은 것은 멀리 있는 것으로 느껴짐
경사의 착각	작은 경사와 내림 경사는 실제보다 작게, 큰 경사와 오름 경사는 실제보다 크게 보임
속도의 착각	좁은 시야에서는 빠르게, 비교 대상이 먼 곳에 있을 때는 느리게 느껴짐
상반의 착각	• 주행 중 급정거 시 반대 방향으로 움직이는 것처럼 보임 • 큰 것들 가운데 있는 작은 물건은 작은 것들 가운데 있는 같은 물건보다 작아 보임 • 한쪽 방향의 곡선을 보고 반대 방향의 곡선을 보면 실제보다 더 구부러져 있는 것처럼 보임

운전피로의 3가지 요인

생활요인	수면 / 생활환경 등
운전작업 중의 요인	차내환경 / 차외환경 / 운행조건 등
운전자 요인	신체조건 / 경험조건 / 연령조건 / 성별조건 / 성격 / 질병 등

보행 중 교통사고

① 우리나라 보행 중 교통사고 사망자 구성비는 OECD 평균보다 높음
② 차 대 사람의 사고가 가장 많은 보행유형은 어떻게 도로를 횡단하였든 횡단 중(횡단보도 횡단, 횡단보도 부근 횡단, 육교 부근 횡단, 기타 횡단)의 사고가 가장 많음
③ **통행 중의 사고**가 많으며, 연령층별로는 **어린이와 노약자**가 높은 비중을 차지함

보행자 사고의 요인

① 교통사고를 당했을 당시의 보행자 요인 :
  인지결함 > 판단착오 > 동작착오
② 교통정보 인지결함의 원인
  - 술에 많이 취했던 경우
  - 등교 또는 출근시간 때문에 급하게 서둘러 걷고 있었던 경우
  - 횡단 중 한쪽 방향에만 주의를 기울인 경우
  - 동행자와 이야기에 열중했거나 놀이에 열중한 경우
  - 피곤한 상태로 주의력이 저하된 경우
  - 다른 생각을 하면서 보행한 경우

음주운전 교통사고의 특징

① 주차 중인 자동차와 같은 **정지물체 등에 충돌할 가능성이 높음**
② 전신주, 가로시설물, 가로수 등과 같은 **고정물체와 충돌할 가능성이 높음**
③ **대향차의 전조등에 의한 현혹현상 발생 시 정상운전보다 교통사고 위험 증가**
④ **치사율이 높음**
⑤ **차량 단독사고의 가능성이 높음**(차량 단독 도로이탈사고 등)

음주의 개인차

① 음주량과 체내 알코올 농도의 관계
  - 매일 알코올을 접하는 **습관성 음주자는 음주 30분 후**에 체내 알코올 농도가 정점에 도달하였지만 그 체내 알코올 농도는 중간적(평균적) 음주자의 절반 수준
  - **중간적 음주자는 음주 후 60분에서 90분 사이**에 체내 알코올 농도가 정점에 도달하였지만 그 농도는 습관성 음주자의 **2배 수준**

② 체내 알코올 농도의 남녀 차
  - 성별에 따라 체내 알코올 농도가 정점에 도달하는 시간의 차이가 존재함
  - 여자가 먼저 정점에 도달(여자는 음주 30분 후, 남자는 60분 후)
③ 기타 : 음주자의 체중, 음주 시의 신체적 조건 및 심리적 조건에 따라 체내 알코올 농도 및 그 농도의 시간적 변화에 차이가 있음

고령 보행자에 대한 교통안전 계몽사항

① 필요시 안경 착용
② 단독보다는 다수 또는 부축을 받아 도로를 횡단하는 방법
③ 야간에 운전자들의 눈에 잘 보이게 하는 방법(의복, 야광재의 보조)
④ 필요시 보청기 사용
⑤ 도로 횡단 시 이륜자동차(모터사이클)를 잘 살피는 것
⑥ 필요시 주차된 자동차 사이를 안전하게 통과하는 방법
⑦ 기타 필요한 사항

고령 운전자의 특성

시각적 특성	• 사물과 사물을 식별하는 대비능력이 저하되고, 광선 혹은 섬광에 대한 민감성이 증가 • 시계 감소현상으로 좁아진 시계 바깥에 있는 표지판, 신호, 차량, 보행자 등을 발견하지 못하는 경향
인지적 특성(정보처리와 선택적 주의)	운전자는 운전 중 많은 정보를 탐색하고 또 필요한 정보를 선택하여 처리해야 하나, 고령 운전자는 상황을 지각하고 들어온 정보를 조직화하고 반응하는 데에 더 많은 시간을 필요로 함
반응 특성	고령자의 신체적인 쇠퇴는 운전행동을 수행하는 능력을 손상시키며, 이는 빠르고 과도한 피로와 혼란을 일으켜 반응을 느리게 만듦

어린이의 일반적 특성과 행동능력

단계	연령	특성과 행동능력
감각적 운동단계	2세 미만	• 자신과 외부 세계를 구별하는 능력이 매우 미약, 교통상황에 대처할 능력도 전혀 없음 • 전적으로 보호자에게 의존하는 단계
전 조작 단계	2세~7세	• 직접 존재하는 것에 대해서만 사고하며, 이 사고도 고지식하고 자기중심적이므로 한 가지 사물에만 집착 • **2가지 이상을 동시에 생각하고 행동할 능력이 매우 미약함**
구체적 조작단계	7세~12세	• 추상적 사고의 폭이 넓어지고, 개념의 발달과 그 사용이 증가함 • 교통상황을 충분히 인식하며, **추상적 교통규칙을 이해할 수 있는 수준에 도달** • 이 시기에 잘 지도하고 습관화시키면 현재와 미래의 올바른 교통사회인으로 육성 가능
형식적 조작단계	12세 이상	• 대개 초등학교 6학년 이상에 해당 • 논리적 사고가 발달하고 다소 부족하지만 성인 수준에 근접해 가는 수준을 갖추고 보행자로서 교통에 참여 가능

어린이 교통사고의 특징

① 어릴수록, 학년이 낮을수록 교통사고가 많이 발생
② 보행 중(차 대 사람) 교통사고를 당하여 사망하는 비율이 가장 높음
③ 시간대별 어린이 보행 사상자는 오후 4시에서 오후 6시 사이에 가장 많음
④ 보행 중 사상자는 **집이나 학교 근처 등 어린이 통행이 잦은 곳에서 가장 많이 발생**

어린이의 교통행동 특성

① 교통상황에 대한 주의력 부족
② 판단력 부족과 모방행동이 많음
③ 단순한 사고방식
④ 추상적인 말은 잘 이해하지 못함
⑤ 많은 호기심과 강한 모험심
⑥ 구체적인 물체를 보고서야 상황을 판단함
⑦ 자신의 감정을 억제하거나 참아내는 능력이 약함
⑧ 제한된 주의 및 지각능력

어린이가 승용차에 탑승했을 때

① 탑승 시 안전띠 착용 : 자동차의 시트와 안전띠는 어른의 체격에 적합하므로 어린이를 그냥 앉히고 안전띠를 착용시키면 위험 ➡ 가급적 어린이는 **뒷좌석 3점식 안전띠의 길이를 조정하여 사용**
② **여름철** 주차 시 : 여름철에 어린이를 혼자 태우고 **방치**하면 **탈수현상과 산소부족**으로 생명을 잃는 경우가 있으므로 주의
③ 문을 열고 닫을 때 : 어린이가 부주의하여 손가락이나 다리를 다칠 수 있고 주위의 다른 차량이나 자전거 등에 부딪힐 수 있음
 ➡ 반드시 **어린이는 제일 먼저 태우고 제일 나중에 내리며 문은 어른이 열고 닫음**
④ 차에서 내릴 때 : 어린이가 차 안에 혼자 남아 있으면 차의 시동을 걸거나 각종 장치를 만져 뜻밖의 사고가 생길 수 있으므로 **어린이와 같이 차에서 내려야 함**
⑤ 어린이의 좌석 위치 : 운전에 지장을 주거나 사고의 위험이 있으므로 반드시 어린이는 뒷좌석에 태우고 **도어의 안전잠금장치를 잠근 후 운행**

운행기록장치

① 자동차의 속도, 위치, 방위각, 가속도, 주행거리 및 교통사고 상황 등을 기록하는 자동차의 부속장치 중 하나인 전자식 장치
② 운행기록장치 장착의무자
- 「여객자동차 운수사업법」에 따른 여객자동차 운송사업자
- 「화물자동차 운수사업법」에 따른 화물자동차 운송사업자 및 화물자동차 운송가맹사업자
- 「도로교통법」에 따른 어린이통학버스(운행기록장치를 장착한 차량은 제외) 운영자

③ 운행기록장치 장착의무자는 운행기록장치에 기록된 운행기록을 6개월 동안 보관하여야 함

> **더 알아보기**
>
> 운행기록장치 장착면제 차량
> 1) 「화물자동차 운수사업법」에 따른 화물자동차운송사업용 자동차로서 최대 적재량 1톤 이하인 화물자동차
> 2) 「자동차관리법 시행규칙」에 따른 경형소형 특수자동차 및 구난형·특수용도형 특수자동차
> 3) 「여객자동차 운수사업법」에 따른 여객자동차운송사업에 사용되는 자동차로서 2002년 6월 30일 이전에 등록된 자동차

제동장치의 종류

주차 브레이크	• 차를 주차 또는 정차시킬 때 사용하는 제동장치 • 주로 손으로 조작하나, 일부 승용자동차의 경우 발로 조작하는 경우도 있으며, 뒷바퀴 좌·우가 고정
풋 브레이크	• 주행 중에 발로써 조작하는 주 제동장치 • 브레이크 페달을 밟으면 휠 실린더의 피스톤에 의해 브레이크 라이닝을 밀어주어 타이어와 함께 회전하는 드럼을 잡아 멈추게 함
엔진 브레이크	• 가속 페달을 놓거나 저단 기어로 바꾸게 되면 엔진 브레이크가 작용하여 속도가 떨어지게 됨 • **내리막길**에서 풋 브레이크만 사용하게 되면 라이닝의 마찰로 제동력이 떨어지므로 **엔진 브레이크를 사용하는 것이 안전함**
ABS	• 자동차 바퀴에 각각 달려있는 감지기를 통해 노면의 상태에 따라 자동적으로 제동력을 제어하여 **제동 안정성**을 보다 높게 확보할 수 있도록 한 제동장치 • 제동 시에 바퀴를 록(lock)시키지 않음으로써 브레이크가 작동하는 동안에도 핸들의 조정이 용이하고 가능한 한 최단거리로 정지시킬 수 있도록 하는 제동장치로 **방향 안정성**과 **조종성 확보**가 그 목적 • 바퀴가 미끄러지지 않는 정상 노면에서는 일반 브레이크 작동과 동일하나 바퀴의 미끄러짐 현상이 나타나면 미끄러지기 직전의 상태로 각 바퀴의 제동력을 ON, OFF시켜 제어함

> **더 알아보기**
>
> ABS 장착 후 제동 시 장점
> 1) 후륜 잠김현상을 방지하여 방향 안정성의 확보 가능
> 2) 전륜 잠김현상을 방지하여 조종성 확보를 통해 장애물 회피, 차로변경 및 선회가 가능
> 3) 불쾌한 스키드(skid)음을 막고, 타이어 잠김에 따른 편마모를 방지해 타이어 수명의 연장 가능

주행장치의 종류

① 휠(wheel)
- 타이어와 함께 **차량의 중량**을 **지지**하고 **구동력과 제동력을 지면에 전달**하는 역할
- 무게가 가볍고 노면의 충격과 측력에 견딜 수 있는 강성이 있어야 함
- 타이어에서 발생하는 열을 흡수하여 대기 중으로 잘 방출시켜야 함

② 타이어
- **휠의 림**에 끼워져서 **일체로 회전**하며 자동차가 **달리거나 멈추는 것을 원활**하게 함

- 자동차의 중량을 떠받쳐 주고, 지면으로부터 받는 충격을 흡수해 승차감을 좋게 함
- 자동차의 진행방향을 전환시킴

조향장치의 기능

① 운전석에 있는 **핸들**(steering wheel)에 의해 앞바퀴의 방향을 틀어서 **자동차의 진행방향을 바꾸는 장치**
② 자동차가 주행할 때는 항상 바른 방향을 유지해야 하고, 핸들 조작이나 외부의 힘에 의해 주행방향이 잘못되었을 때는 즉시 직전 상태로 되돌아가는 성질이 요구됨
③ 주행 중의 **안정성이 좋고** 핸들 조작이 용이하도록 **앞바퀴 정렬이 잘되어 있어야 함**

앞바퀴 정렬의 요소

토우인 (Toe-in)	• 앞바퀴를 위에서 보았을 때 앞쪽이 뒤쪽보다 좁은 상태 • **타이어의 마모를 방지**하기 위해 있는 것인데 바퀴를 원활하게 회전시켜서 핸들의 조작을 용이하게 함
캠버 (Camber)	• 자동차를 앞에서 보았을 때, 위쪽이 아래보다 약간 바깥쪽으로 기울어져 있는데, 이것을 (+) 캠버라고 하고, 위쪽이 아래보다 약간 안쪽으로 기울어져 있는 것을 (-) 캠버라고 함 • 앞바퀴가 하중을 받았을 때 아래로 벌어지는 것을 방지하고 타이어 접지면의 중심과 킹핀의 연장선이 노면과 만나는 점과의 거리인 옵셋을 적게 하여 **핸들 조작을 가볍게** 하기 위하여 필요함
캐스터 (Caster)	• 자동차를 옆에서 보았을 때 차축과 연결되는 킹핀의 중심선이 약간 뒤로 기울어져 있는 것 • **앞바퀴에 직진성을 부여하여 차의 롤링을 방지**하고 핸들의 복원성을 좋게 하려면 필요함

현가장치의 종류

판 스프링	주로 **화물자동차**에 사용되며 구조가 간단하나 승차감이 나쁨
코일 스프링	주로 **승용자동차**에 사용되며 각 차륜에 내구성이 강한 금속 나선을 놓은 것
비틀림 막대 스프링	뒤틀림에 의한 충격을 흡수하며, 뒤틀린 후에도 원형을 되찾는 특수금속으로 제작
공기 스프링	버스와 같은 **대형차량**에 사용되며 고무인포로 제조되어 압축공기를 채운 것
충격흡수 장치	작동유를 채운 실린더로 스프링의 동작에 반응하여 피스톤이 위아래로 움직이며 운전자에게 전달되는 반동량을 줄여줌

원심력의 특성

① 원심력은 **속도의 제곱에 비례**하여 변함
- 시속 50km로 커브를 도는 차량은 시속 25km로 도는 차량보다 4배의 원심력을 지님
- 이 경우 속도는 2배에 불과하나 차를 직진시키려는 힘은 4배가 됨

② 원심력은 **속도가 빠를수록, 커브가 작을수록, 또 중량이 무거울수록** 커짐

원심력과 커브길 안전운전

① 커브에 진입하기 전에 속도를 줄여 노면에 대한 타이어의 접지력이 원심력을 안전하게 극복할 수 있어야 함
② 커브가 **예각**을 이룰수록 원심력은 커지므로 안전하게 회전하려면 이러한 커브에서 보다 감속하여야 함

스탠딩 웨이브 현상

① 타이어가 회전하면 이에 따라 타이어의 원주에서는 **변형과 복원을 반복**하는데, 타이어의 회전속도가 빨라지면 접지부에서 받은 타이어의 변형(주름)이 다음 접지 시점까지도 복원되지 않고 접지의 뒤쪽에 **진동의 물결**이 일어나는 현상
② 일반구조의 승용차용 타이어의 경우 대략 **150km/h 전후의 주행속도**에서 발생(단, 조건이 나쁠 때는 150km/h 이하의 저속력에서도 발생)
③ 이 현상이 계속되면 타이어는 쉽게 과열되고 원심력으로 인해 트레드부가 변형될 뿐 아니라 오래가지 못해 파열됨
④ 예방을 위해 **속도를 맞추거나 공기압을 높이는 등**의 주의가 필요함

수막현상

① 자동차가 물이 고인 노면을 고속으로 주행할 때 타이어는 그루브(타이어 홈) 사이에 있는 물을 배수하는 기능이 감소되어 물의 저항에 의해 노면으로부터 떠올라 물위를 미끄러지듯이 되는 현상
② 타이어 접지면의 앞쪽에서 물의 수막이 침범하여 그 압력에 의해 타이어가 노면으로부터 떨어지는 현상

수막현상의 예방방법

① 고속으로 주행하지 말 것
② 마모된 타이어를 사용하지 말 것
③ 공기압을 조금 높게 할 것
④ 배수효과가 좋은 타이어를 사용할 것

페이드(Fade) 현상

브레이크를 반복하여 사용하면 마찰열이 라이닝에 축적되어 **브레이크의 제동력이 저하**되는 현상

워터 페이드(Water fade) 현상

① 브레이크 마찰재가 **물에 젖어 마찰계수가 작아져** 브레이크의 제동력이 저하되는 현상
② 브레이크 페달을 반복해 밟으면서 천천히 주행하면 열에 의하여 서서히 브레이크가 회복됨

베이퍼 록(Vapour lock) 현상

유압식 브레이크의 휠 실린더나 브레이크 파이프 속에서 브레이크액이 기화하여 페달을 밟아도 스펀지를 밟는 것 같고 유압이 전달되지 않아 브레이크가 작동하지 않는 현상

모닝 록(Morning lock) 현상

① 비가 자주 오거나 습도가 높은 날, 또는 오랜 시간 주차한 후에 브레이크 드럼에 미세한 **녹이 발생**하는 현상
② 이 현상이 발생하면 브레이크 드럼과 라이닝, 브레이크 패드와 디스크의 마찰계수가 높아져 평소보다 브레이크가 지나치게 예민하게 작동됨

노즈 다운(Nose down) 현상

자동차를 제동할 때 바퀴는 정지하려 하고 차체는 관성에 의해 이동하려는 성질 때문에 앞 범퍼 부분이 내려가는 현상으로, 다이브(Dive) 현상이라고도 함

노즈 업(Nose up) 현상

자동차가 출발할 때 구동 바퀴는 이동하려 하지만 차체는 정지하고 있기 때문에 앞 범퍼 부분이 들리는 현상으로, 스쿼트(Squat) 현상이라고도 함

자동차의 진동

바운싱 (상하 진동)	차체가 Z축 방향과 평행운동을 하는 고유 진동
피칭 (앞뒤 진동)	차체가 Y축을 중심으로 회전운동을 하는 고유 진동
롤링 (좌우 진동)	차체가 X축을 중심으로 회전운동을 하는 고유 진동
요잉 (차체 후부 진동)	차체가 Z축을 중심으로 회전운동을 하는 고유 진동

내륜차와 외륜차

① 핸들을 조작했을 때 **앞바퀴의 안쪽과 뒷바퀴의 안쪽과의 차이**를 **내륜차**라고 하고, **바깥 바퀴의 차이**를 **외륜차**라고 함
   ⇨ 대형차일수록 이 차이는 크게 발생
② 자동차가 전진 중 회전할 경우에는 내륜차에 의해, 후진 중 회전할 경우에는 외륜차에 의한 교통사고의 위험이 있음

타이어 마모에 영향을 주는 요소

① 공기압   ② 하중
③ 속도   ④ 커브
⑤ 브레이크   ⑥ 노면상태

유체자극 현상

① 고속도로에서 고속으로 주행 시 노면과 좌우에 있는 나무나 중앙분리대의 풍경이 마치 물이 흐르듯이 흘러 눈에 들어오는 느낌의 자극을 받게 되는 현상
② 속도가 빠를수록 눈에 들어오는 흐름의 자극이 더해지며, 주변의 경관은 거의 흐르는 선과 같이 되어 눈을 자극함

공주·제동·정지거리(시간)

공주거리와 공주시간	운전자가 자동차를 정지시켜야 할 상황임을 지각하고 브레이크 페달로 발을 옮겨 브레이크가 작동을 시작하는 순간까지의 거리를 공주거리라고 하고, 이때까지 자동차가 진행한 시간을 공주시간이라고 함
제동거리와 제동시간	운전자가 브레이크에 발을 올려 브레이크가 막 작동을 시작하는 순간부터 자동차가 완전히 정지할 때까지의 거리를 제동거리라고 하고, 이때까지 걸린 시간을 제동시간이라고 함
정지거리와 정지시간	운전자가 위험을 인지하고 자동차를 정지시키려고 시작하는 순간부터 자동차가 완전히 정지할 때까지의 거리를 정지거리라고 하고, 이때까지 자동차가 진행한 시간을 정지시간이라고 함 ⇨ 정지거리는 공주거리와 제동거리를 합한 거리를 말하며, 정지시간은 공주시간과 제동시간을 합한 시간을 말함

오감으로 판별하는 자동차 이상 징후

감각	점검방법	적용사례
시각	부품이나 장치의 외부 굽음·변형·녹슴 등	물·오일·연료의 누설 / 자동차의 기울어짐
청각	이상한 음	마찰음 / 걸리는 쇳소리 / 노킹소리 / 긁히는 소리 등
촉각	느슨함 / 흔들림 / 발열 상태 등	볼트 너트의 이완 / 유격 / 브레이크 작동 시 차량이 한쪽으로 쏠림 / 전기 배선 불량 등
후각	이상 발열·냄새	배터리액의 누출 / 연료 누설 / 전선 등이 타는 냄새 등

도로요인의 구분

① 도로 구조 : 도로의 선형, 노면, 차로수, 노폭, 구배 등에 관한 것
② 안전시설 : 신호기, 노면표시, 방호울타리 등 도로의 안전시설에 관한 것
③ 교통사고 발생과 도로요인 : 인적요인, 차량요인에 비하여 수동적 성격을 가지며, 도로 그 자체는 운전자와 차량이 하나의 유기체로 움직이는 장소

도로의 일반적 조건

형태성	차로의 설치, 비포장의 경우에는 노면의 균일성 유지 등으로 자동차 기타 운송수단의 통행에 용이한 형태를 갖출 것
이용성	사람의 왕래, 화물의 수송, 자동차 운행 등 공중의 교통영역으로 이용되고 있는 곳
공개성	공중교통에 이용되고 있는 불특정 다수인 및 예상할 수 없을 정도로 바뀌는 숫자의 사람을 위해 이용이 허용되고 실제 이용되고 있는 곳
교통경찰권	공공의 안전과 질서유지를 위하여 교통경찰권이 발동될 수 있는 장소

평면선형과 교통사고

① 일반도로에서는 **곡선반경이 100m 이내**일 때 사고율이 높음
 ⇨ 특히 **2차로 도로**에서는 그런 경향이 강함
② 고속도로에서는 **곡선반경 750m를 경계**로 하여 곡선이 급해짐에 따라 사고율이 높아짐
③ 곡선부의 수가 많으면 사고율이 높을 것 같으나 반드시 그런 것은 아니며, 긴 직선구간 끝에 있는 곡선부는 짧은 직선구간 다음의 곡선부에 비하여 사고율이 높음
④ 곡선부가 오르막과 내리막의 종단경사와 중복되는 곳은 훨씬 더 사고 위험성이 높음
⑤ 곡선부에서의 사고를 감소시키는 방법 : **편경사를 개선하고, 시거를 확보하며, 속도표지와 시선유도표지를 포함한 주의표지와 노면표시를 잘 설치할 것**

> **더 알아보기**
> 곡선부 방호울타리의 기능
> 1) 자동차의 차도이탈을 방지하는 것
> 2) 탑승자의 상해 및 자동차의 파손을 감소시키는 것
> 3) 자동차를 정상적인 진행방향으로 복귀시키는 것
> 4) 운전자의 시선을 유도하는 것

횡단면과 교통사고

차로수와 교통사고	• 차로수와 사고율의 관계는 아직 명확하지 않음 • 일반적으로 차로수가 많으면 사고가 많음
차로폭과 교통사고	• 일반적으로 횡단면의 **차로폭이 넓을수록 교통사고 예방의 효과**가 있음 • 교통량이 많고 사고율이 높은 구간의 차로폭을 넓히면 교통사고 예방의 효과가 더욱 큼
길어깨(갓길)와 교통사고	• 길어깨가 넓으면 차량의 이동공간이 넓고, 시계가 넓으며, 고장차량을 주행차로 밖으로 이동시킬 수 있으므로 안전성이 큼

길어깨 (갓길)와 교통사고	• 길어깨가 토사나 자갈 또는 잔디보다는 포장된 노면이 더 안전하며, 포장이 되어 있지 않을 경우에는 건조하고 유지관리가 용이할수록 안전함 • 일반적으로 **차도와 길어깨를 단선의 흰색 페인트칠로 구획하는 노면표시를 하면 교통사고가 감소함**

> 🔍 **더 알아보기**
>
> 길어깨(갓길)의 역할
> 1) 고장차가 본선차도로부터 대피할 수 있고, 사고 시 교통의 혼잡을 방지하는 역할
> 2) 측방 여유폭을 가지므로 교통의 안전성과 쾌적성에 기여함
> 3) 절토부 등에서는 곡선부의 시거가 증대되기 때문에 교통안전성이 높음
> 4) 유지가 잘되어 있는 길어깨(갓길)는 도로 미관을 좋게 함
> 5) 보도 등이 없는 도로에서는 보행자 등의 통행장소로 제공 가능

중앙분리대의 종류

방호울타리형 중앙분리대	중앙분리대 내에 충분한 설치 폭의 확보가 어려운 곳에서 차량의 대향차로로의 이탈을 방지하는 곳에 비중을 두고 설치하는 형
연석형 중앙분리대	좌회전 차로의 제공이나 향후 차로 확장에 쓰일 공간 확보, 연석의 중앙에 잔디나 수목을 심어 녹지공간 제공, 운전자의 심리적 안정감에 기여하지만 차량과 충돌 시 차량을 본래의 주행방향으로 복원해주는 기능이 미약함
광폭 중앙분리대	도로선형의 양방향 차로가 완전히 분리될 수 있는 충분한 공간확보로 대향차량의 영향을 받지 않을 정도의 넓이를 제공함

> 🔍 **더 알아보기**
>
> 방호울타리의 기능
> 1) 횡단을 방지할 수 있어야 함
> 2) 차량을 감속시킬 수 있어야 함
> 3) 차량이 대향차로로 튕겨나가지 않아야 함
> 4) 차량의 손상이 적도록 해야 함

도로의 구조·시설기준 관련 용어

차로수	양방향 차로(오르막차로, 회전차로, 변속차로 및 양보차로를 제외)의 수를 합한 것
오르막차로	오르막 구간에서 저속 자동차를 다른 자동차와 분리하여 통행시키기 위해 설치하는 차로
회전차로	자동차가 우회전, 좌회전 또는 유턴을 할 수 있도록 직진하는 차로와 분리하여 설치하는 차로
변속차로	자동차를 가속시키거나 감속시키기 위해 설치하는 차로
중앙분리대	차도를 통행의 방향에 따라 분리하고 옆부분의 여유를 확보하기 위해 도로의 중앙에 설치하는 분리대와 측대
길어깨	도로를 보호하고 비상시에 이용하기 위해 차도에 접속하여 설치하는 도로의 부분
횡단경사	도로의 진행방향에 직각으로 설치하는 경사로서 도로의 배수를 원활하게 하기 위하여 설치하는 경사와 평면곡선부에 설치하는 편경사

안전운전과 방어운전의 개념

안전운전	운전자가 자동차를 그 본래의 목적에 따라 운행함에 있어서 운전자 자신이 위험한 운전을 하거나 교통사고를 유발하지 않도록 주의하여 운전하는 것

방어운전	운전자가 다른 운전자나 보행자가 교통법규를 지키지 않거나 위험한 행동을 하더라도 이에 대처할 수 있는 운전자세를 갖추어 미리 위험한 상황을 피하여 운전하는 것, 위험한 상황을 만들지 않고 운전하는 것, 위험한 상황에 직면했을 때는 이를 효과적으로 회피할 수 있도록 운전하는 것

- 자기 자신이 사고의 원인을 만들지 않는 운전
- 자기 자신이 사고에 말려들어 가지 않게 하는 운전
- 타인의 사고를 유발시키지 않는 운전

방어운전의 기본

① 능숙한 운전 기술
② 정확한 운전 지식
③ 세심한 관찰력
④ 예측능력과 판단력
⑤ 양보와 배려의 실천
⑥ 교통상황 정보수집
⑦ 반성의 자세
⑧ 무리한 운행 배제

교차로 황색신호 시간

① 통상 3초를 기본으로 운영
② 이미 교차로에 진입한 차량은 신속히 빠져나가야 하는 시간
③ 아직 교차로에 진입하지 못한 차량은 진입해서는 안 되는 시간

커브길 핸들 조작

① 슬로우 인(Slow-in), 패스트 아웃(Fast-out) 원리에 입각
② 커브 진입 직전에 핸들 조작이 자유로울 정도로 속도를 감속하고, 커브가 끝나는 조금 앞에서 핸들을 조작하여 차량의 방향을 안정되게 유지한 후 속도를 증가(가속)하여 신속하게 통과할 수 있도록 할 것

차로폭의 개념

① 어느 도로의 차선과 차선 사이의 최단거리
② 일반적으로 3.0m ~ 3.5m를 기준으로 하며, 부득이한 경우(교량 위 / 터널 내 / 유턴차로 등)에는 2.75m로 할 수 있음
③ 도로폭이 시내 및 고속도로 등에서는 비교적 넓고, 골목길이나 이면도로 등에서는 비교적 좁음

내리막길 안전운전 및 방어운전

① 내리막길을 내려가기 전에는 미리 감속하여 천천히 내려가며 엔진 브레이크로 속도를 조절하는 것이 바람직함
② 엔진 브레이크를 사용하면 페이드(fade) 현상을 예방하여 운행의 안전도를 더욱 높일 수 있음
③ 배기 브레이크가 장착된 차량의 경우 배기 브레이크를 사용하면 운행의 안전도를 높일 수 있음
④ 도로의 오르막길 경사와 내리막길 경사가 같거나 비슷한 경우라면 변속기 기어의 단수도 오르막과 내리막을 동일하게 사용하는 것이 적절함

오르막길 안전운전 및 방어운전

① 정차할 때는 앞차가 뒤로 밀려 충돌할 가능성을 염두에 두고 충분한 차간 거리를 유지
② 오르막길의 사각지대는 정상부근 ⇨ 마주 오는 차가 바로 앞에 다가올 때까지는 보이지 않으므로 서행하여 위험에 대비

③ 정차 시 : 풋 브레이크와 핸드 브레이크를 같이 사용
④ 출발 시 : 핸드 브레이크를 사용하는 것이 안전
⑤ 오르막길에서 앞지르기 할 때 : 힘과 가속력이 좋은 **저단** 기어를 사용하는 것이 안전

여름철과 겨울철의 자동차관리

여름철	겨울철
• 냉각장치 점검	• 월동장비 점검
• 와이퍼의 작동상태 점검	• 부동액 점검
• 타이어 마모상태 점검	• 써머스타 상태 점검
• 차량내부의 습기 제거	• 체인 점검

안개길과 빗길의 안전운전

안개길 안전운전	• 안개로 인한 시야의 장애 발생 시 우선 차간거리를 충분히 확보 • 앞차의 제동이나 방향지시등의 신호를 예의주시하며 천천히 주행 • 짙은 안개인 경우 차를 안전한 곳에 세우고 잠시 기다리는 것이 좋고 이때 미등과 비상경고등을 점등시켜 충돌사고 등을 예방하기 위한 조치를 취함
빗길 안전운전	비가 내려 물이 고인 길을 통과할 때 속도를 줄이며 저속 기어로 바꾸어 서행

위험물의 개요

① 위험물의 성질 : 발화성, 인화성 또는 폭발성 등의 성질
② 위험물의 종류 : 고압가스 / 화약 / 석유류 / 독극물 / 방사성 물질 등

위험물 적재방법

① 운반용기와 포장외부에 표시해야 할 사항 : **위험물의 품목 / 화학명 및 수량**
② 운반 도중 그 위험물 또는 위험물을 수납한 운반용기가 떨어지거나 그 용기의 포장이 파손되지 않도록 적재할 것
③ 수납구를 **위로 향하게** 적재할 것
④ 직사광선 및 빗물 등의 침투를 방지할 수 있는 유효한 덮개를 설치할 것
⑤ 혼재 금지된 위험물의 혼합 적재 금지

> **더 알아보기**
> 위험물의 운반 시 주의사항
> 마찰 및 흔들림을 일으키지 않도록 하고 지정 수량 이상의 위험물을 차량으로 운반할 때는 차량의 전면 또는 후면의 보기 쉬운 곳에 표지를 게시할 것/일시정차 시 안전한 장소를 선택하고 위험물에 적응하는 소화설비를 설치할 것

고압가스 충전용기의 적재기준

① 차량의 최대 적재량을 초과하여 적재하지 않을 것
② 차량의 적재함을 초과하여 적재하지 않을 것
③ 운반차량 뒷면에는 두께가 **5mm** 이상, 폭 **100 mm** 이상의 범퍼(SS400 또는 이와 동등 이상의 강도를 갖는 강재를 사용한 것에 한함) 또는 이와 동등 이상의 효과를 갖는 완충장치를 설치할 것
④ 자전거 또는 오토바이에 적재하여 운반하지 아니할 것(단, 예외 인정)

고압가스 충전용기의 운반기준

① 운반 중의 충전용기는 항상 **40°C 이하**를 유지할 것
② 운반차량의 앞뒤 보기 쉬운 곳에 각각 **붉은 글씨**로 "위험 고압가스"라는 경계표지를 부착할 것
③ 운반차량은 제1종 보호시설로부터 **15m** 떨어진 곳에 주·정차할 것

가짜석유제품 목적 및 정의
(석유 및 석유대체연료 사업법)

① 목적 : 석유 수급과 가격 안정을 도모하고 석유제품과 석유대체연료의 적정한 품질을 확보하고, 탄소중립화에 기여하며 관련 사업의 건전한 발전을 지원함으로써 국민경제의 발전과 국민생활의 향상에 이바지함을 목적으로 함
② 용어의 뜻

석유제품	휘발유, 등유, 경유, 중유, 윤활유와 이에 준하는 탄화수소유 및 석유가스
석유화학제품	석유로부터 물리·화학적 공정을 거쳐 제조되는 제품 중 석유제품을 제외한 유기화학제품으로서 산업통상자원부령으로 정하는 것
가짜석유제품	자동차 및 대통령령으로 정하는 차량·기계의 연료로 사용하거나 사용하게 할 목적으로 다음 어느 하나의 방법으로 제조된 것 • 석유제품에 다른 석유제품(등급이 다른 석유제품을 포함)을 혼합 (예 휘발유에 용제 등을 혼합, 경유에 등유 등을 혼합, 고급휘발유에 보통휘발유 혼합) • 석유제품에 다른 석유화학제품을 혼합(예 휘발유에 톨루엔 등을 혼합) • 석유화학제품에 다른 석유화학제품을 혼합(예 톨루엔에 메탄올 등을 혼합) • 석유제품 또는 석유화학제품에 탄소와 수소가 들어 있는 물질을 혼합(예 경유에 바이오디젤을 혼합)

가짜석유 관련 사용금지 및 벌칙

① 가짜석유제품 제조 등의 금지
  • 가짜석유제품을 제조·수입·저장·운송·보관 또는 판매하는 행위(→5년 이하의 징역 또는 2억원 이하의 벌금)
  • 가짜석유제품임을 알면서 사용하거나 등록·신고하지 아니한 자가 판매하는 가짜석유제품을 사용하는 행위(→3천만원 이하의 과태료)
  • 가짜석유제품으로 제조·사용하게 할 목적으로 석유제품·석유화학제품·석유대체연료 또는 탄소와 수소가 들어 있는 물질을 공급·판매·저장·운송 또는 보관하는 행위(→5년 이하의 징역 또는 2억원 이하의 벌금)
② 행위의 금지 : 누구든지 등유, 부생연료유, 바이오디젤, 바이오에탄올, 용제, 윤활유, 윤활기유, 선박용경유 및 석유중간제품을 「자동차관리법」에 따른 자동차 및 대통령령으로 정하는 차량·기계의 연료로 사용 금지(→ 3천만원 이하의 과태료)

	사용량에 따른 과태료 금액				
위반행위	1백리터 미만	1백리터 이상 4백리터 미만	4백리터 이상 1킬로리터 미만	1킬로리터 이상 20킬로리터 미만	20킬로리터 이상
가짜석유제품임을 알면서 사용	2백만원	5백만원	1천만원	1천5백만원	2천만원
등유 등을 차량의 연료로 사용	2백만원	5백만원	1천만원	1천5백만원	2천만원

소비자신고의 대상
(석유 및 석유대체연료 사업법)

① 가짜석유제품을 제조하거나 판매하는 행위
② 품질부적합 제품을 제조하거나 판매하는 행위(물과 침전물 혼합 등 품질기준에 벗어난 제품)
③ 정량에 미달하여 판매하는 행위
④ 등유 등을 차량의 연료로 판매하는 행위
⑤ 석유사업자의 영업범위 및 영업방법을 위반하는 행위 등
  예 이동판매(이동판매차량 이용)의 방법으로 자동차, 덤프트럭 등에 주유

> **더 알아보기**
>
> **소비자신고의 신고 방법**
> 신고자는 가짜석유제품 제조·판매 신고서에 증거물을 첨부하여 전화, 문서, 우편, FAX 또는 인터넷 등의 방법으로 한국석유관리원(전화: 1588-5166, 홈페이지: www.kpetro.or.kr), 관계 행정기관 또는 수사기관에 신고할 수 있음(위반행위를 증명할 수 있는 현장 사진, 구체적인 위치 등 관련 자료 → 주유소 등 석유판매업자의 경우 연료 구매 영수증, 차량정비 내역서 등 구매 또는 피해를 증명할 증거물 제출)

포상금의 지급
(석유 및 석유대체연료 사업법)

① 가짜석유제품을 제조하는 행위(법 제29조 위반)

100만L 이상	1,000만원
50만L 이상 100만L 미만	600만원
50만L 미만	200만원

② 가짜석유제품을 판매하는 행위(법 제29조 위반)

석유사업자 (등록 또는 신고사업자)	영업시설을 설치·개조하거나 그 설치·개조된 영업시설을 양수·임차하여 판매한 경우	200만원
	그 밖의 경우	100만원
비석유사업자(무등록자)		10만원

③ 등유 등을 차량 및 기계의 연료로 판매하는 행위(법 제39조 제1항 제8호 위반)

석유사업자	100만원
비석유사업자	10만원

④ 품질부적합 제품을 제조하거나 판매하는 행위(법 제27조 위반) ⇨ 20만원

⑤ 정량에 미달하여 판매하는 행위(법 제39조 제1항 제2호 위반) ⇨ 20만원

⑥ 영업범위나 영업방법을 위반하는 행위 ⇨ 20만원

⑦ 취급제품이 아닌 제품을 보관하거나 공급하는 행위(법 제39조 제1항 제10호 및 시행령 제43조 제1항 제2호 위반) ⇨ 20만원

⑧ 용제 등을 보일러 또는 노용 연료로 판매하는 행위(법 제39조 제1항 제10호 및 시행령 제43조 제1항 제6호 위반) ⇨ 20만원

CHAPTER 04 운송서비스

물류란?

과거	현재
운송 (physical distribution)	로지스틱스 (logistics)
단순히 장소적 이동	생산과 마케팅기능 중 **물류 관련 영역**까지도 포함
수요충족기능	수요창조기능

고객만족

① 고객이 무엇을 원하고 있으며 무엇이 불만인지 알아내어 고객의 기대에 부응하는 좋은 제품과 양질의 서비스를 제공함으로써 고객으로 하여금 만족감을 느끼게 하는 것 ⇨ **친절의 중요성**

② **접점제일주의** : 고객만족을 위한 최일선 현장직원의 중요성(나는 회사를 대표하는 사람)

고객서비스의 특징

무형성	보이지 않음
동시성	생산과 소비가 동시에 발생함
인간주체 (이질성)	사람에 의존함
소멸성	즉시 사라짐
무소유권	가질 수 없음

🔍 더 알아보기

고객의 욕구
기억되기를 바란다 / 환영받고 싶어 한다 / 관심을 가져주기를 바란다 / 중요한 사람으로 인식되기를 바란다 / 편안해지고 싶어 한다 / 칭찬받고 싶어 한다 / 기대와 욕구를 수용하여 주기를 바란다

고객만족을 위한 서비스 품질의 분류

상품 품질	성능 및 사용방법을 구현한 **하드웨어 품질**
영업 품질	고객이 현장사원 등과 접하는 환경과 분위기를 **고객만족**으로 실현하기 위한 **소프트웨어 품질**
서비스 품질	고객으로부터 **신뢰**를 획득하기 위한 **휴먼웨어 품질**

🔍 더 알아보기

고객의 결정에 영향을 미치는 요인
구전에 의한 의사소통 / 개인적인 성격이나 환경적 요인 / 과거의 경험 / 서비스 제공자의 커뮤니케이션 등

서비스 품질을 평가하는 고객의 기준

신뢰성 / 신속한 대응 / 정확성 / 편의성 / 태도 / 커뮤니케이션(Communication) / 신용도 / 안전성 / 고객에 대한 이해도 / 환경 등

고객에 대한 올바른 인사방법

① 머리와 상체를 숙임

가벼운 인사	보통인사	정중한 인사
15°	30°	45°

② 머리와 상체를 직선으로 하여 상대방의 발끝이 보일 때까지 천천히 숙이고, 항상 밝고 명랑한 표정의 미소를 지음
③ 인사하는 지점은 **상대방과 약 2m 내외의 거리**가 적당함
④ 턱을 지나치게 내밀지 말고 손을 주머니에 넣거나 의자에 앉아서 인사하지 말 것

고객과의 악수와 표정관리

① 악수 : 적당한 거리에서 **반드시 오른손**을 내밀고 허리는 무례하지 않도록 자연스레 폄(상대방에 따라 10°~15° 정도 굽혀도 좋음)
② 표정과 시선
- 표정은 첫인상을 크게 좌우하며 첫인상은 대면 직후 결정되는 경우가 많고 대면이 호감 있게 이루어질 수 있음 ⇨ **밝은 표정**은 좋은 인간관계의 기본(입은 가볍게 다물고 입의 양꼬리가 올라가게 하며 얼굴 전체가 웃는 표정)
- 시선 : **자연스럽고 부드러운 시선**으로 상대를 보고 눈동자는 항상 중앙에 위치하도록 하며, **가급적 고객의 눈높이와 맞춤**

🔍 **더 알아보기**

고객응대의 마음가짐
사명감 갖기 / 고객의 입장에서 생각하기 / 원만하게 대하기 / 항상 긍정적으로 생각하기 / 고객이 호감을 갖게 하기 / 공사를 구분하고 공평하게 대하기 / 투철한 서비스 정신 갖기 / 예의를 지켜 겸손하게 대하기 / 자신감 갖기 / 꾸준히 반성하고 개선하기

오답피하기 고객이 싫어하는 시선
- 위로 치켜뜨는 눈, 곁눈질
- 한곳만 응시하는 눈
- 위·아래로 훑어보는 눈

고객응대예절

집하 시	책임 배달구역을 정확히 인지하여 24시간·48시간·배달 불가지역에 대한 배달점소의 사정을 고려하여 집하, 2개 이상의 화물은 반드시 분리 집하 (결박화물 집하금지)
배달 시	• 긴급배송을 요하는 화물은 우선 처리하고, 모든 화물은 반드시 기일 내 배송, 수하인 주소가 불명확할 경우 사전에 정확한 위치를 확인 후 출발 • 고객이 부재 시에는 "부재중 방문표"를 반드시 이용, 인수증 서명은 반드시 정자로 실명 기재 후 받을 것

물류와 물류관리

① 물류(物流, 로지스틱스 ; Logistics) : 공급자로부터 생산자, 유통업자를 거쳐 최종 소비자에게 이르는 재화의 흐름
  ⇨ 수송(운송)기능 / 포장기능 / 보관기능 / 하역기능 / 정보기능 등
② 물류관리 : 재화의 효율적인 "흐름"을 계획, 실행, 통제할 목적으로 행해지는 제반활동
③ 물류정책기본법상 정의

물류 (物流)	재화가 공급자로부터 조달·생산되어 수요자에게 전달되거나 소비자로부터 회수되어 폐기될 때까지 이루어지는 **운송·보관·하역** 등과 이에 부가되어 **가치를 창출**하는 가공·조립·분류·수리·포장·상표부착·판매·정보통신 등

| 물류시설 | 물류에 필요한 화물의 운송·보관·하역을 위한 시설, 화물의 운송·보관·하역 등에 부가되는 가공·조립·분류·수리·포장·상표부착·판매·정보통신 등을 위한 시설, **물류의 공동화·자동화 및 정보화를 위한 시설, 물류터미널 및 물류단지** |

> **더 알아보기**
>
> 물류 개념의 국내 도입
> 1) 1922년 미국의 마케팅 학자인 클라크(F.E. Clark) 교수가 처음 사용
> 2) 국내에는 제2차 경제개발 5개년 계획이 시작된 1962년 이후 소개

> **더 알아보기**
>
> 인터넷유통에서의 물류원칙
> 1) 적정수요 예측
> 2) 배송기간의 최소화
> 3) 반송과 환불시스템

물류와 공급망관리

경영정보시스템 (Management Information System) 단계	1970년대	• 창고보관·수송을 신속히 하여 **주문처리시간을 줄이는** 데 초점을 둔 단계 • 기업경영에서 **의사결정의 유효성**을 높이기 위해 경영 내외의 관련 정보를 필요에 따라 즉각적이며 대량으로 수집·전달·처리·저장·이용할 수 있도록 편성한 인간과 컴퓨터의 결합시스템
전사적자원관리 (Enterprise Resource Planning) 단계	1980 ~ 1990 년대	기업활동을 위해 사용되는 **기업 내의 모든 인적·물적 자원을 효율적으로 관리**하여 궁극적으로 기업의 경쟁력을 강화시켜 주는 역할을 하는 통합정보시스템
공급망관리 (Supply Chain Management) 단계	1990년대 중반 이후	**최종 고객까지 포함**하여 공급망상의 업체들이 **수요·구매정보** 등을 상호 공유하는 통합 공급망관리(SCM) 단계

기업경영에 있어서 물류의 역할

① **마케팅의 절반을 차지** : 물류가 마케팅 기능으로서 간주되기 시작한 것은 1950년대로, 지금은 고객조사, 가격정책, 판매조직화, 광고선전만으로는 마케팅을 실현하기 힘들고 결품방지나 즉납서비스 등의 물리적인 고객서비스가 수반되지 않으면 안 되는 시점

② **판매기능 촉진** : 물류는 고객서비스를 향상시키고 물류코스트를 절감하여 기업이익을 최대화하는 것이 목표
⇨ 판매기능은 물류의 7R 기준을 충족할 때 달성

③ **적정재고의 유지로 재고비용 절감**에 기여 : 물류합리화로 불필요한 재고의 미보유에 따른 재고비용 절감

④ **물류(物流)와 상류(商流)의 분리를 통한 유통합리화**에 기여

> **더 알아보기**
>
> 물류와 상류
> 1) 물류 : 발생지에서 소비지까지의 물자의 흐름을 계획·실행·통제하는 제반관리 및 경제활동
> 2) 상류 : 검색/견적/입찰/가격조정/계약/지불/인증/보험/회계처리/서류발행/기록 등(전산화)

오답피하기 기업에 있어 물류관리의 목표
이윤증대 + 비용절감

7R 원칙과 3S 1L 원칙
(물류관리의 기본원칙)

7R 원칙	• Right Quality(적절한 품질) • Right Quantity(적절한 양) • Right Time(적절한 시간) • Right Place(적절한 장소) • Right Impression(좋은 인상) • Right Price(적절한 가격) • Right Commodity(적절한 상품)
3S 1L 원칙	• 신속하게(Speedy) • 안전하게(Safely) • 확실하게(Surely) • 저렴하게(Low)

물류의 기능

운송기능	물품을 공간적으로 이동시키는 것, 상품의 **장소적(공간적) 효용**을 창출
포장기능	**단위포장(개별포장)**, 내부포장(속포장), 외부포장(겉포장)으로 구분
보관기능	**시간적 효용**을 창출
하역기능	대표적인 방식은 **컨테이너(container)화**와 **파렛트(pallet)화**
정보기능	종합적인 **물류관리의 효율화**를 도모
유통가공기능	제품이나 상품의 **부가가치를 높이기** 위한 물류활동

물류관리의 목표

① **비용절감**과 재화의 **시간적·장소적 효용가치의 창조**를 통한 시장능력의 강화
② 고객서비스 수준 향상과 물류비의 감소(트레이드오프)

> **🔍 더 알아보기**
> 트레이드오프(trade-off, 상충관계)
> 두 개의 정책목표 가운데 하나를 달성하려고 하면 다른 목표의 달성이 늦어지거나 희생되는 경우 양자간의 관계

③ **고객서비스** 수준의 결정은 **고객지향적**이어야 하며, 경쟁사의 서비스 수준을 비교한 후 그 기업이 달성하고자 하는 **특정한 수준의 서비스를 최소의 비용**으로 고객에게 제공

기업물류의 범위와 활동

① 범위

물적공급과정	원재료, 부품, 반제품, 중간재를 **조달·생산**하는 물류과정
물적유통과정	생산된 재화가 최종 고객이나 **소비자에게까지 전달**되는 물류과정

② 활동

주활동	대고객서비스 수준 / 수송 / 재고관리 / 주문처리
지원활동	보관 / 자재관리 / 구매 / 포장 / 생산량과 생산일정 조정 / 정보관리

물류전략 목표

비용절감	운반 및 보관과 관련된 가변비용을 최소화
자본절감	물류시스템에 대한 투자의 최소화
서비스 개선전략	제공되는 서비스 수준에 비례하여 수익의 증가

물류전략의 구분

프로액티브 (proactive) 물류전략	사업목표와 소비자 서비스 요구사항에서부터 시작하며 **경쟁업체에 대항하는 공격적인** 전략
크래프팅 (crafting) 중심의 물류전략	특정한 프로그램이나 기법을 필요로 하지 않으며, **뛰어난 통찰력이나 영감**에 바탕을 둠

더 알아보기

기업전략

기업의 목적을 명확히 결정함으로써 설정되고, 이를 위해서는 기업이 추구하는 것이 이윤획득, 존속, 투자에 대한 수익, 시장점유율, 성장목표 중 무엇인지를 이해하는 것이 필요하며, 그 다음으로 비전수립이 필요

물류전략의 실행구조와 핵심영역

① 물류전략의 실행구조(과정순환)

전략수립(Strategic) → 구조설계(Structural) → 기능정립(Functional) → 실행(Operational)

② 물류전략의 8가지 핵심영역

전략수립	1) 고객서비스 수준 결정
구조설계	2) 공급망설계 3) 로지스틱스 네트워크전략 구축
기능정립	4) 창고설계·운영 5) 수송관리 6) 자재관리
실행	7) 정보·기술관리 8) 조직·변화관리

제3자 물류

① 화주기업이 고객서비스 향상, 물류비 절감 등 **물류활동을 효율화**할 수 있도록 공급망상의 기능 전체 혹은 일부를 **대행**하는 업종
② 도입이유 : 자가물류활동에 의한 물류효율화의 한계

더 알아보기

화주기업이 제3자 물류를 사용하지 않는 주된 이유

1) 화주기업은 물류활동을 직접 통제하기를 원할 뿐 아니라, 자사물류이용과 제3자 물류서비스 이용에 따른 비용을 일대일로 직접 비교하기가 곤란하기 때문
2) 운영시스템의 규모와 복잡성으로 인해 자체운영이 효율적이라고 판단할 뿐만 아니라 자사물류 인력에 대해 더 만족하기 때문

제3자 물류의 발전과정

자사물류 (제1자 물류)	화주기업이 사내에 물류조직을 두고 물류업무를 직접 수행하는 경우
물류자회사 (제2자 물류)	화주기업이 사내의 물류조직을 별도로 분리하여 자회사로 독립시키는 경우
제3자 물류	외부의 전문물류업체에게 물류업무를 아웃소싱하는 경우(장기적)

더 알아보기

물류아웃소싱과 제3자 물류의 비교

구분	물류아웃소싱	제3자 물류
화주와의 관계	거래기반, 수발주관계	계약기반, 전략적 제휴
관계내용	일시 또는 수시	장기(1년 이상), 협력
서비스 범위	기능별 개별 서비스	통합물류 서비스
정보공유 여부	불필요	반드시 필요
도입결정권한	중간관리자	최고경영층
도입방법	수의계약	경쟁계약

제3자 물류에 의한 물류혁신 기대효과

① 물류산업의 합리화에 의한 고물류비 구조를 혁신
② 고품질 물류서비스의 제공으로 제조업체의 경쟁력 강화 지원
③ **종합물류서비스**의 활성화
④ **공급망관리(SCM)의 도입·확산의 촉진**

제4자 물류

① 다양한 조직들의 효과적인 연결을 목적으로 하는 통합체(single contact point)로서 공급망의 모든 활동과 계획관리를 전담하는 것

② 핵심은 고객에게 제공되는 서비스를 극대화하는 것 (Best of Breed)

> **더 알아보기**
> 제4자 물류의 주요 특징
> 1) 제3자 물류보다 범위가 넓은 공급망의 역할을 담당
> 2) 전체적인 공급망에 영향을 주는 능력을 통하여 가치를 증식

제4자 물류의 4단계

1단계	재창조 (Reinvention)	• 공급망에 참여하고 있는 복수의 기업과 독립된 공급망 참여자들 사이에 협력을 넘어서 **공급망의 계획과 동기화에 의해 가능한 것** • 재창조는 **참여자의 공급망을 통합하기** 위해서 비즈니스 전략을 공급망 전략과 제휴하면서 전통적인 공급망 컨설팅 기술을 강화
2단계	전환 (Transformation)	• 판매, 운영계획, 유통관리, 구매전략, 고객서비스, 공급망 기술을 포함한 **특정한 공급망에 초점** • 전략적 사고, 조직변화관리, 고객의 공급망 활동과 프로세스를 통합하기 위한 기술 강화
3단계	이행 (Implementation)	• 비즈니스 프로세스 제휴 및 조직과 서비스의 경계를 넘은 **기술의 통합과 배송운영까지를 포함하여 실행** • **인적자원관리**가 성공의 중요한 요소로 인식
4단계	실행 (Execution)	• 제4자 물류(4PL) 제공자는 다양한 공급망 기능과 프로세스를 위한 운영상의 책임을 지고, 그 범위는 전통적인 운송관리와 물류아웃소싱보다 범위가 큼 • 조직은 공급망 활동에 대한 전체적인 범위를 **제4자 물류(4PL) 공급자에게 아웃소싱할 수 있음** • 제4자 물류(4PL) 공급자가 수행할 수 있는 범위는 제3자 물류(3PL) 공급자, IT회사, 컨설팅회사, 물류솔루션 업체들

물류시스템의 구성

① 운송 : 물품을 **장소적·공간적으로 이동시키는 것**
② 보관 : 물품을 **저장·관리**하는 것을 의미하고 시간·가격조정에 관한 기능을 수행
③ 유통가공 : 보관을 위한 가공 및 동일 기능의 형태 전환을 위한 가공 등 **유통단계에서 상품에 가공이 더해지는 것**
④ 포장

공업포장	기능면에서 품질유지를 위한 포장
상업포장	소비자의 손에 넘기기 위하여 행해지는 포장, **상품가치를 높여** 정보전달을 포함하여 **판매촉진의 기능을 목적으로 하는 포장**

⑤ 하역 : 적입·적출·분류·피킹(picking) 등, 대표적인 수단으로 **컨테이너화(containerization)와 파렛트화(palletization)**
⑥ 정보 : 상품의 수량과 품질, 작업관리에 관한 물류정보, 수·발주, 지불 등에 관한 **상류정보**

> **더 알아보기**
> 수배송의 개념
>
> | 수송 | 배송 |
> |---|---|
> | • 장거리 대량화물의 이동
• 거점 ↔ 거점 간 이동
• 지역 간 화물의 이동
• 1개소의 목적지에 1회에 직송 | • 단거리 소량화물의 이동
• 기업 ↔ 고객 간 이동
• 지역 내 화물의 이동
• 다수의 목적지를 순회하면서 소량 운송 |

운송 관련 용어

교통	현상적인 시각에서의 재화의 이동
운송	서비스 공급 측면에서의 재화의 이동
운수	행정상 또는 법률상의 운송
운반	한정된 공간과 범위 내에서의 재화의 이동

배송	상거래가 성립된 후 상품을 고객이 지정하는 수하인에게 발송 및 배달하는 것으로, **물류센터**에서 각 **점포나 소매점에 상품을 납입**하기 위한 수송
통운	소화물 운송
간선수송	**제조공장과 물류거점(물류센터 등) 간의 장거리 수송**으로 컨테이너 또는 파렛트(pallet)를 이용, 유닛화(unitization)되어 일정단위로 취합되어 수송

물류시스템화의 목적

최소의 비용으로 **최대의 물류서비스**를 산출하기 위하여 물류서비스를 **3S1L의 원칙**으로 행하는 것

① 고객에게 상품을 적절한 납기에 맞추어 정확하게 배달하는 것
② 고객의 주문에 대해 상품의 품절을 가능한 한 적게 하는 것
③ 물류거점을 적절하게 배치하여 배송효율을 향상시키고 상품의 적정재고량을 유지하는 것
④ 운송, 보관, 하역, 포장, 유통·가공의 작업을 합리화하는 것
⑤ 물류비용의 적절화·최소화 등

운송 합리화 방안

① **적기 운송과 운송비 부담의 완화**
② **실차율 향상을 위한 공차율의 최소화**

> **더 알아보기**
>
> **화물자동차 운송의 효율성 지표**
> 1) 가동률 : 화물자동차가 일정기간(예를 들어, 1개월)에 걸쳐 실제로 가동한 일수
> 2) 실차율 : 주행거리에 대해 실제로 화물을 싣고 운행한 거리의 비율
> 3) 적재율 : 최대 적재량 대비 적재된 화물의 비율
> 4) 공차거리율 : 주행거리에 대해 화물을 싣지 않고 운행한 거리의 비율
> ⇨ 적재율이 높은 실차상태로 가동률을 높이는 것이 트럭운송의 효율성을 최대로 하는 것

③ **물류기기의 개선과 정보시스템의 정비**
④ **최단 운송경로의 개발** 및 **최적 운송수단의 선택**
⑤ **공동 수배송**

> **더 알아보기**
>
> **공동 수배송의 장단점**
> 1) 공동 수배송의 장점
>
> | 공동수송 | • 물류시설 및 인원의 축소
• 발송작업의 **간소화**
• 영업용 트럭의 이용 증대
• 입출하 활동의 계획화
• **운임요금의 적정화**
• 여러 운송업체와의 복잡한 거래교섭의 감소
• 소량 부정기화물도 공동수송 가능 |
> |---|---|
> | 공동배송 | • **수송효율 향상**(적재효율, 회전율 향상)
• 소량화물 흔적으로 규모의 경제효과
• 자동차, 기사의 효율적 활용
• **안정된 수송시장의 확보**
• 네트워크의 경제효과
• 교통혼잡 완화
• 환경오염 방지 |
>
> 2) 공동 수배송의 단점
>
> | 공동수송 | • 기업비밀 누출에 대한 우려
• 영업부문의 반대
• 서비스 차별화의 한계
• **서비스 수준의 저하 우려**
• 수화주와의 의사소통 부족
• 상품특성을 살린 판매전략 제약 |
> |---|---|
> | 공동배송 | • 외부 운송업체의 운임덤핑에 대처 곤란
• 배송순서의 조절이 어려움
• 출하시간의 집중
• 물량파악의 어려움
• 제조업체의 산재에 따른 문제
• 종업원 교육·훈련에 시간 및 경비 소요 |

화물운송정보시스템의 이해

① 관련 시스템

수배송 관리 시스템	주문상황에 대해 적기 수배송체제의 확립과 최적의 수배송계획을 수립함으로써 수송비용을 절감하려는 체제 ⇨ 대표적인 것은 **터미널화물정보시스템**
화물정보 시스템	화물이 터미널을 경유하여 수송될 때 수반되는 자료 및 정보를 신속하게 수집하여 이를 효율적으로 관리하는 동시에 화주에게 적기에 정보를 제공해주는 시스템
터미널 화물정보 시스템	수출계약이 체결된 후 수출품이 트럭터미널을 경유하여 항만까지 수송되는 경우, 국내 거래 시 한 터미널에서 다른 터미널까지 수송되어 수하인에게 이송될 때까지의 전 과정에서 발생하는 각종 정보를 전산시스템으로 수집·관리·공급·처리하는 종합정보관리체제

② 수배송활동의 각 단계별 물류정보처리 기능

계획	**수송수단** 선정, **수송경로** 선정, 수송로트(lot) 결정, **다이어그램 시스템 설계**, 배송센터의 수 및 위치 선정, 배송지역 결정 등
실시	배차 수배, **화물적재 지시**, 배송지시, 발송정보 착하지에의 연락, 반송화물 정보관리, 화물의 추적 파악 등
통제	**운임계산**, 자동차 적재효율 분석, 자동차 가동률 분석, 반품운임 분석, 빈 용기운임 분석, 오송 분석, 교착수송 분석, **사고 분석** 등

물류의 신시대와 트럭수송의 역할

① 물류의 중요성(물류 없이는 생활할 수 없다)
- 미개척 영역인 (기업)물류 : 세계적인 미래학자이자 경영학자인 피터 드러커(P. Drucker)는 "아직도 비용을 절감할 수 있는 엄청난 미개척 영역이 남아 있다"고 함
- 물류관리가 **최근 경영혁신의 중심체** 역할

② 경쟁력의 무기인 물류
③ 총 물류비의 절감
④ 적정요금을 품질(서비스)로 환원
⑤ 혁신과 트럭운송 : 기업존속 결정의 조건 / 기업의 유지관리와 혁신 / 기술혁신과 트럭운송사업 / 수입확대와 원가절감 / 운송사업의 존속과 번영을 위한 변혁의 외부적 요인과 내부적 요인 / 현상의 변혁에 성공하는 비결 / 트럭운송을 통한 새로운 가치 창출

공급망관리(SCM)

① 최종 고객의 욕구를 충족시키기 위하여 원료공급자로부터 최종 소비자에 이르기까지 공급망 내의 각 기업 간 **긴밀한 협력**을 통해 **공급망 전체의 물자의 흐름을 원활**하게 하는 공동전략
② 공급망 : 상류와 하류를 연결
  ⇨ 최종 소비자의 손에 상품과 서비스 형태의 가치를 가져다주는 여러 가지 다른 과정과 활동을 포함하는 조직의 네트워크
③ 공급망 관리에 있어서 각 조직은 긴밀한 협조관계 형성
④ 공급망 관리는 '수직계열화'와 다름

물류서비스의 발전단계

물류 → 로지스틱스(Logistics) → 공급망관리(SCM)로 발전

구분	물류	Logistics	SCM
시기	1970~ 1985년	1986~ 1997년	1998년
목적	물류부문 내 효율화	기업 내 물류 효율화	공급망 전체 효율화
대상	수송, 보관, 하역, 포장	생산, 물류, 판매	공급자, 메이커, 도소매, 고객

수단	물류부문 내 시스템 기계화, 자동화	기업 내 정보시스템 POS, VAN, EDI	기업 간 정보시스템 파트너관계, ERP, SCM
주제	효율화(전문화, 분업화)	물류코스트+서비스대행 다품종소량, JIT, MRP	ECR, ERP, 3PL, APS 재고소멸
표방	무인 도전	토탈물류	종합물류

전사적 품질관리(TQC)

① 물류활동에 관련되는 모든 사람들이 물류서비스 품질에 대하여 책임을 나누어 가지고 문제점을 개선하는 것
② 물류서비스 품질관리 담당자 모두가 물류서비스 품질의 실천자가 된다는 내용
③ **효율적인 품질관리 : 물류현상의 정량화**가 중요
   ⇨ 물류서비스의 문제점을 파악하여 그 데이터를 정량화하는 것이 중요

신속대응(QR)

① 신속대응의 원칙
   • 생산·유통관련업자가 **전략적으로 제휴**
   • 소비자의 선호 등을 즉시 파악하여 시장변화에 **신속하게 대응**
   • **시장에 적합한** 상품을 적시에, 적소로, 적당한 가격으로 **제공**
② 신속대응전략의 혜택

소매업자	제조업자	소비자
유지비용의 절감, 고객서비스의 제고, 높은 상품회전율, 매출과 이익 증대	정확한 수요예측, 주문량에 따른 생산의 유연성 확보, 높은 자산회전율	상품의 다양화, 낮은 소비자 가격, 품질 개선, 소비패턴 변화에 대응한 상품 구매

효율적 고객대응(ECR)

① 소비자 만족에 초점을 둔 공급망관리의 효율성을 극대화하기 위한 모델
② 제조업체와 유통업체가 상호 밀접하게 협력 → 기존의 상호기업 간 존재하던 비효율적이고 비생산적인 요소들을 제거 → 보다 효용이 큰 서비스를 소비자에게 제공하자는 것
③ 차이점 : 단순한 공급망 통합전략과 다른 점은 **산업체와 산업체 간 통합**을 통하여 표준화와 최적화를 도모할 수 있다는 점, 신속대응(QR)과의 차이점은 섬유산업뿐만 아니라 식품 등 다른 산업부문에도 활용할 수 있다는 것

주파수 공동통신(TRS)

① 무전기 시스템을 통한 꿈의 로지스틱스 실현
② 대표적인 서비스 : 음성통화(voice dispatch) / 공중망접속통화(PSTN I/L) / TRS데이터통신 (TRS data communication) / 첨단차량군 관리 (advanced fleet management)
③ 도입 효과 : **화물추적기능 / 화주의 요구에 대한 신속대응** / 서류 처리의 축소 / 정보의 실시간 처리 등의 이점

범지구측위시스템(GPS)

인공위성을 이용하며 지구의 어느 곳이든 실시간으로 자기위치와 타인의 위치를 확인
⇨ 미국방성이 관리하는 새로운 시스템

통합판매·물류·생산시스템(CALS)
(Computer Aided Logistics Support)

① 정보유통의 혁명을 통해 제조업체의 생산·유통(상류와 물류)·거래 등 모든 과정을 컴퓨터망으로 연결하여 **자동화·정보화 환경을 구축**하고자 하는 첨단컴퓨터시스템
② 목표 : 물류지원과정을 비즈니스 리엔지니어링을 통해 조정하고, 동시공학적 업무처리과정으로 연계 / 다양한 정보를 디지털화하여 통합데이터베이스(Database)에 저장하고 활용
③ 중요성과 적용범주
 - **정보화 시대의 기업경영에 필수적인 산업정보화**
 - 방위산업뿐 아니라 중공업, 조선, 항공, 섬유, 전자, 물류 등 **제조업과 정보통신산업에서 중요한 정보전략화**
 - 과다서류와 기술자료의 중복 축소, 업무처리절차 축소, 소요시간 단축, 비용절감
 - 기존의 전자데이터정보(EDI)에서 영상, 이미지 등 전자상거래(e-Commerce)로 그 범위를 확대하고 궁극적으로 멀티미디어 환경을 지원하는 시스템으로 발전
 - 동시공정, 에러검출, 순환관리 자동활용을 포함한 품질관리와 경영혁신 구현 등
④ 도입 효과 : 품질향상과 비용절감 및 신속처리에 큰 효과, **기업통합과 가상기업의 실현 가능**

물류 부문 고객서비스

① 기존 고객의 유지 확보를 도모하고 잠재적 고객이나 신규고객의 획득을 도모하기 위한 수단이라는 의의
② 장기적으로 고객수요를 만족시킬 것을 목적으로 **주문이 제시된 시점과 재화를 수취한 시점과의 사이에 계속적인 연계성을 제공**하려고 조직된 시스템
③ 고객이 발주·구매한 상품에 대한 **고객만족을 높이는 수단**으로 이용되는 물류서비스라고 이해하는 것이 적절함

고객의 불만사항

① 약속시간을 지키지 않음(특히 집하요청 시)
② 전화도 없이 불쑥 나타남
③ 임의로 다른 사람에게 맡기고 감
④ 너무 바빠서 질문을 해도 도망치듯 가버림
⑤ 불친절함
 - 인사를 잘 하지 않음
 - 용모가 단정치 못함
 - 빨리 사인(배달확인)이나 해달라고 윽박지르듯 함
⑥ 사람이 있는데도 경비실에 맡기고 감
⑦ 화물을 함부로 다룸
 - 담장 안으로 던져놓음
 - 화물을 발로 밟고 작업함
 - 화물을 발로 차면서 들어옴
 - 적재상태가 뒤죽박죽함
 - 화물이 파손되어 배달
⑧ 화물을 무단으로 방치해 놓고 감
⑨ 전화로 불러냄
⑩ 길거리에서 화물을 건네줌
⑪ 배달이 지연됨

고객요구 사항

① 할인 요구
② 포장불비로 화물 포장 요구
③ 착불요구(확실한 배달을 위해)
④ 냉동화물 우선 배달
⑤ 판매용 화물 오전 배달
⑥ 규격 초과화물, 박스화되지 않은 화물 인수 요구(고객들은 화물의 성질, 포장상태에 따라 각각 다른 형태의 취급절차와 방법을 사용하는 것으로 생각)

택배종사자의 배달 방법

① 서비스 자세
- 단정한 용모, 반듯한 언행, 대고객 약속 준수 등
- 상품을 판매하고 있다고 생각할 것
- **후문은 확실히 잠그고 출발**(과속방지턱 통과 시 뒷문이 열려 사고 발생)

② 배달 시 다양한 경우의 대처방법
- **대리 인계 시 방법 : 인수자 지정**(사전에 전화, 이름과 서명 받고 관계 기록) / 임의 대리 인계(수하인이 부재중인 경우 외에는 대리 인계 절대 불가, 불가피한 경우에도 확실한 곳에 인계하며 **반드시 사후 확인** 전화)
- **고객 부재 시 방법** : 부재안내표의 작성 및 투입, 대리인 인계가 되었을 때는 귀점 중 다시 전화로 확인 및 귀점 후 재확인, 밖으로 불러냈을 때 반드시 죄송하다는 인사 하기(소형화물 외에 집까지 배달하고 **길거리 인계는 안 됨**)
- **미배달화물에 대한 조치** : 미배달 사유를 기록하여 관리자에게 제출하고 **화물은 재입고**(주소불명 / 전화불통 / 장기부재 / 인수거부 / 수하인 불명)할 것

개인고객과 전화통화 시 주의사항

① 개인고객에게 반드시 전화를 하고 배달할 **의무는 없으며**, 방문예정시간은 **2시간 정도의 여유**를 갖고 약속할 것
② 전화통화 시 본인 아닌 경우 화물명을 말하지 않아야 할 경우(보약, 다이어트용 상품, 보석, 성인용품 등) 또는 전화하면 수취거부로 반품율이 높은 품목[족보, 명감(동문록) 등 전화 시 반품율 30% 이상]이 있음에 주의

택배 방문 집하요령

① **방문 약속시간의 준수** : 고객 부재 시 집하 곤란, 약속시간이 늦으면 불만 가중(사전 전화)
② **기업화물 집하 시 행동** : 화물이 준비되지 않았다고 운전석에 앉아있거나 빈둥거리지 말 것(작업을 도와주어야 함)
③ **운송장 기록의 중요성 : 운송장 기록 시 정확하게** 기재하지 않고 부실하게 기재하면 오도착, 배달 불가, 배상금액 확대, 화물파손 등의 문제 발생
④ **포장의 확인** : 화물종류에 따른 **포장의 안전성 판단**, 안전하지 못할 경우에는 보완 요구 또는 귀점 후 보완하여 발송, 포장에 대한 사항은 미리 전화하여 부탁할 것

집하 시 운송장에 정확히 기재할 사항

① **수하인 전화번호** : 주소는 정확해도 전화번호가 부정확하면 배달 곤란
② **정확한 화물명** : 포장의 안전성 판단기준 / 사고 시 배상기준 / 화물수탁 여부 판단기준 / 화물취급요령
③ **화물가격** : 사고 시 배상기준 / 화물수탁 여부 판단기준 / 할증 여부 판단기준

트럭수송의 장단점(cf. 철도와 선박)

장점	문전에서 문전으로 배송서비스를 탄력적으로 행함 / 중간 하역이 불필요 / 포장의 간소화·간략화가 가능 / 다른 수송기관과 연동하지 않고서도 **일관된 서비스** 가능
단점	**수송단위 작음 / 수송단가가 높음** / 공해문제 / 자원 및 에너지절약 문제 등

오답피하기 **선박·철도와 비교한 화물자동차 운송의 특징**
원활한 기동성과 신속한 수배송/신속·정확한 문전운송/다양한 고객요구 수용/운송단위가 소량/에너지 다소비형 운송기관

사업용(영업용) 트럭운송의 장단점

장점	**수송비 저렴** / 물동량의 변동에 대한 **안정수송**이 가능 / 수송 능력·융통성이 높음 / 설비·인적 투자 불필요 / 변동비 처리가 가능
단점	**운임의 안정화 곤란**(유가 상승 등) / 관리기능 저해 / 기동성 부족 / 시스템의 일관성 부족 / 인터페이스가 약하고 마케팅 사고가 희박함

자가용 트럭운송의 장단점

장점	**높은 신뢰성 확보** / 상거래에 기여 / 작업의 기동성이 높음 / 안정적 공급이 가능하고 시스템의 일관성 유지 / 리스크가 낮음(위험부담도가 낮음) / 인적 교육이 가능
단점	**수송량의 변동에 대응하기가 어려움** / 비용의 고정비화 / 설비·인적 투자 필요 / 수송능력과 사용하는 차종·차량에 한계가 있음

트럭운송 미래를 위한 노력

① 고효율화, 왕복실차율을 높이기 위한 효율적인 운송 시스템의 확립
② 트레일러 수송과 도킹시스템화
③ 바꿔 태우기 수송과 이어타기 수송
④ 컨테이너 및 파렛트 수송의 강화
⑤ 집배 수송용자동차의 개발과 이용
⑥ 트럭터미널의 복합화와 시스템화

국내 화주기업 물류의 문제점

① 각 업체의 독자적 물류기능 보유(합리화 장애)
② 제3자 물류기능의 약화(제한적·변형적 형태)
③ 시설 간·업체 간 표준화 미약
④ 제조·물류업체 간 협조성 미비
⑤ 물류 전문업체의 물류인프라 활용도 미약

PART 02

5개년 CBT 기출복원문제
(2021년~2025년)

CHAPTER 01 | 제1회 CBT 기출복원문제

1 교통 및 화물자동차 관련 법규

01

다음에서 설명하고 있는 도로교통법상 용어는 무엇인가?

> 도로교통에서 문자·기호 또는 등화(燈火)를 사용하여 진행·정지·방향전환·주의 등의 신호를 표시하기 위하여 사람이나 전기의 힘으로 조작하는 장치

① 신호기
② 개인형 이동장치
③ 자율주행시스템
④ 음주운전 방지장치

> 도로교통법상 "신호기"란 도로교통에서 문자·기호 또는 등화(燈火)를 사용하여 진행·정지·방향전환·주의 등의 신호를 표시하기 위하여 사람이나 전기의 힘으로 조작하는 장치를 말한다.

02

도로교통법상 긴급자동차에 해당하지 않는 것은?

① 소방차
② 구급차
③ 특수자동차
④ 혈액 공급차량

> 도로교통법상 긴급자동차란 소방차, 구급차, 혈액 공급차량, 그 밖에 대통령령으로 정하는 자동차로서 그 본래의 긴급한 용도로 사용되고 있는 자동차를 말한다.

03

황색 등화에 대한 설명으로 옳지 않은 것은?

① 차마는 다른 교통 또는 안전표지의 표시에 주의하면서 진행이 가능하다.
② 이미 교차로에 차마의 일부라도 진입한 경우에는 신속히 교차로 밖으로 진행하여야 한다.
③ 차마는 우회전할 수 있고 우회전하는 경우에 보행자의 횡단을 방해하지 못한다.
④ 차마는 정지선이 있거나 횡단보도가 있을 때 그 직전이나 교차로의 직전에 정지하여야 한다.

> 차마가 다른 교통 또는 안전표지의 표시에 주의하면서 진행이 가능한 것은 황색의 등화가 아닌 황색 등화의 점멸이 의미하는 것이다.

04

도로교통법상 안전표지에 해당하지 않는 것은?

① 주의표지
② 규율표지
③ 지시표지
④ 보조표지

안전표지의 종류	
주의표지	도로상태가 위험하거나 도로 또는 그 부근에 위험물이 있는 경우에 필요한 안전조치를 할 수 있도록 이를 도로사용자에게 알리는 표지
규제표지	도로교통의 안전을 위하여 각종 제한·금지 등의 규제를 하는 경우에 이를 도로사용자에게 알리는 표지
지시표지	도로의 통행방법·통행구분 등 도로교통의 안전을 위하여 필요한 지시를 하는 경우에 도로사용자가 이에 따르도록 알리는 표지
보조표지	주의표지·규제표지 또는 지시표지의 주기능을 보충하여 도로사용자에게 알리는 표지
노면표시	도로교통의 안전을 위하여 각종 주의·규제·지시 등의 내용을 노면에 기호·문자 또는 선으로 도로사용자에게 알리는 표지

05

주거지역·상업지역 및 공업지역의 일반도로에서 최고속도의 기준으로 옳은 것은?

① 50km/h ② 60km/h
③ 70km/h ④ 80km/h

일반도로에서의 자동차 등의 속도		
도로 구분		최고속도	최저속도
일반 도로	주거지역·상업지역 및 공업지역의 일반도로	• 50km/h 이내 • 단, 시·도경찰청장이 지정한 노선 또는 구간 60km/h 이내	제한 없음
	그 외 일반도로	• 60km/h 이내 • 단, 편도 2차로 이상의 도로에서는 80km/h 이내	

06

최고속도의 100분의 20을 줄인 속도로 운행해야 하는 경우로 옳은 것은?

① 노면이 얼어붙은 경우
② 눈이 20mm 이상 쌓인 경우
③ 비가 내려 노면이 젖어있는 경우
④ 폭우·폭설·안개 등으로 가시거리가 100m 이내인 경우

비가 내려 노면이 젖어있는 경우, 눈이 20mm 미만 쌓인 경우에는 최고속도의 100분의 20을 줄인 속도로 운행해야 한다.
①·②·④ 최고속도의 100분의 50을 줄인 속도로 운행해야 한다.

07

교통사고처리특례법상 과속이 되는 속도기준으로 옳은 것은?

① 20km/h 초과 ② 30km/h 초과
③ 40km/h 초과 ④ 60km/h 초과

과속의 개념
1) 일반적인 과속 : 도로교통법에 규정된 법정속도와 지정속도를 초과한 경우
2) 교통사고처리특례법상의 과속 : 도로교통법에 규정된 법정속도와 지정속도를 20km/h 초과한 경우

08

다음 중 일단정지를 해야 하는 경우로 옳은 것은?

① 철길 건널목을 통과할 때
② 횡단보도상에 보행자가 통행할 때
③ 길가의 건물에서 도로로 들어가고자 하는 때
④ 어린이나 영유아 또는 시각장애인이 도로를 횡단하는 때

일단정지는 반드시 차마가 멈추어야 하는 행위 자체에 대한 의미(운행의 순간적 정지)이다. 예를 들어 길가의 건물이나 주차장 등에서 도로로 들어가고자 하는 때에는 일단정지해야 한다.
①·②·④ 일시정지해야 하는 경우

09

다음의 노면표시가 의미하는 것은?

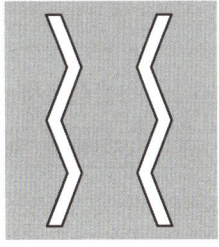

① 서행   ② 일시정지
③ 차로변경   ④ 안전지대

일시정지	차로변경	안전지대
정지	↑↑	▽

10 ★★★

다음 범칙행위 중에서 벌점이 가장 높은 것은?

① 공동위험행위로 형사입건된 때
② 어린이통학버스 특별보호 위반
③ **속도위반(60km/h 초과 80km/h 이하)**
④ 운전 중 휴대용 전화 사용

> 60km/h 초과 80km/h 이하의 속도위반의 경우 벌점은 60점이다.
> ① 40점, ② 30점, ④ 15점

11 ★★

제1종 특수면허로 운전할 수 있는 차량이 아닌 것은?

① 구난형 특수자동차
② **3톤 미만의 지게차**
③ 견인형 특수자동차
④ 총중량 3.5톤 이하의 견인형 특수자동차

> 제1종 특수면허로 운전할 수 있는 차량은 대형 견인차, 소형 견인차, 구난차이다. 3톤 미만의 지게차를 운전하려면 제1종 보통면허 또는 제1종 대형면허를 소지해야 한다.

12 ★

약물로 인하여 정상적으로 운전하지 못할 우려가 있는 상태에서 자동차를 운전한 사람에 대한 벌칙으로 옳은 것은?

① 1년 이하의 징역이나 500만원 이하의 벌금
② 2년 이하의 징역이나 500만원 이하의 벌금
③ **3년 이하의 징역이나 1천만원 이하의 벌금**
④ 5년 이하의 징역이나 1천500만원 이하의 벌금

> 자동차 등(개인형 이동장치는 제외) 또는 노면전차의 운전자는 술에 취한 상태 외에 과로, 질병 또는 약물(마약, 대마 및 향정신성의 약품과 그 밖에 행정안전부령으로 정하는 것)의 영향과 그 밖의 사유로 정상적으로 운전하지 못할 우려가 있는 상태에서 자동차 등 또는 노면전차를 운전하여서는 아니 된다. 이를 위반하여 약물로 인하여 정상적으로 운전하지 못할 우려가 있는 상태에서 자동차 등 또는 노면전차를 운전한 사람은 3년 이하의 징역이나 1천만원 이하의 벌금에 처한다.

13 ★

교통사고처리특례법상 철길 건널목 통과방법 위반사고가 성립하지 않는 것은?

① 안전미확인 통행 중 사고
② **철길 건널목 신호기 고장으로 발생한 사고**
③ 철길 건널목 직전 일시정지 불이행으로 발생한 사고
④ 고장 시 승객대피, 차량이동 조치 불이행으로 발생한 사고

> 철길 건널목 신호기, 경보기 등의 고장으로 발생한 사고(신호기 등이 표시하는 신호에 따르는 때에는 일시정지하지 아니하고 통과할 수 있음)는 교통사고처리특례법상 철길 건널목 통과방법 위반사고에 해당하지 않는다.

14 ★★

다음 ( ) 안에 들어갈 벌칙으로 적절한 것은?

> 차의 운전자가 교통사고로 인하여 「형법」 제268조(업무상과실·중과실 치사상)의 죄를 범한 경우에는 ( )에 처한다.

① 1년 이하의 징역 또는 300만원 이하의 벌금
② 2년 이하의 금고 또는 500만원 이하의 벌금
③ 3년 이하의 징역 또는 3천만원 이하의 벌금
④ **5년 이하의 금고 또는 2천만원 이하의 벌금**

> 차의 운전자가 교통사고로 인하여 「형법」 제268조(업무상과실·중과실 치사상)의 죄를 범한 경우에는 5년 이하의 금고 또는 2천만원 이하의 벌금에 처한다고 교통사고처리특례법에 규정되어 있다.

15

대기환경보전법상 연소할 때에 생기는 유리 탄소가 주가 되는 미세한 입자상물질을 무엇이라고 하는가?

① 검댕 ② 매연
③ 먼지 ④ 온실가스

> ① 검댕 : 연소할 때에 생기는 유리 탄소가 응결하여 입자의 지름이 1미크론 이상이 되는 입자상물질
> ③ 먼지 : 대기 중에 떠다니거나 흩날려 내려오는 입자상물질
> ④ 온실가스 : 적외선 복사열을 흡수하거나 다시 방출하여 온실효과를 유발하는 대기 중의 가스상태 물질로 이산화탄소, 메탄, 아산화질소, 수소불화탄소, 과불화탄소, 육불화황을 말함

16

자동차에서 배출되는 배출가스가 운행차배출허용기준에 맞는지에 대한 운행차 수시점검이 면제된 경우로 옳지 않은 것은?

① 소방차 ② 구급차
③ 정비불량차 ④ 저공해자동차

> 운행차의 수시점검이란 자동차가 배출허용기준에 맞게 운행되고 있는지를 상시 확인하기 위하여 도로나 주차장 등에서 배출가스 상태를 점검하는 제도이다.

17

교통사고처리특례법상 승객추락 방지의무 위반사고가 성립되기 위한 자동차에 해당하지 않는 것은?

① 승용자동차 ② 승합자동차
③ 이륜자동차 ④ 화물자동차

> 교통사고처리특례법상 승객추락 방지의무 위반사고가 성립되기 위해서는 해당 자동차가 승용·승합·화물·건설기계 등 자동차에만 적용되고, 이륜자동차와 자전거 등은 제외된다.

18

화물자동차 운수사업에 제공되는 공영차고지의 설치권자로 옳지 않은 것은?

① 관할 경찰청장
② 시장·군수·구청장
③ 도지사·특별자치도지사
④ 특별시장·광역시장·특별자치시장

> 운수사업에 제공되는 공영차고지 설치권자
> 1) 특별시장·광역시장·특별자치시장·도지사·특별자치도지사
> 2) 시장·군수·구청장(자치구의 구청장)
> 3) 「공공기관의 운영에 관한 법률」에 따른 공공기관 중 대통령령으로 정하는 공공기관 : 인천국제공항공사/한국공항공사/한국도로공사/한국철도공사/한국토지주택공사/항만공사
> 4) 「지방공기업법」에 따른 지방공사

19

화물자동차 운수사업법상 적재물배상보험 등의 의무가입대상이 아닌 것은?

① 운송가맹사업자
② 이사화물을 취급하는 운송주선사업자
③ 특수용도형 화물자동차 중 「자동차관리법」에 따른 피견인자동차
④ 최대 적재량이 5톤 이상이거나 총중량이 10톤 이상인 화물자동차 중 일반형·밴형 및 특수용도형 화물자동차와 견인형 특수자동차를 소유하고 있는 운송사업자

> 적재물배상보험 등 가입 예외
> 1) 건축폐기물·쓰레기 등 경제적 가치가 없는 화물을 운송하는 차량으로서 국토교통부장관이 정하여 고시하는 화물자동차
> 2) 「대기환경보전법」에 따른 배출가스저감장치를 차체에 부착함에 따라 총중량이 10톤 이상이 된 화물자동차 중 최대 적재량이 5톤 미만인 화물자동차
> 3) 특수용도형 화물자동차 중 「자동차관리법」에 따른 피견인자동차

20

화물자동차 운수사업법상 화물자동차 운수사업의 운전업무 종사자격에 대한 설명으로 옳지 않은 것은?

① 국토교통부령으로 정하는 연령·운전경력 등 운전업무에 필요한 요건을 갖출 것
② 국토교통부령으로 정하는 운전적성에 대한 정밀검사기준에 맞을 것
③ 화물자동차 운수사업법령, 화물취급요령 등에 관하여 국토교통부장관이 시행하는 시험에 합격하고 정하여진 교육을 받을 것
④ 「자동차관리법」에 따른 교통안전체험에 관한 연구·교육시설에서 교통안전체험, 화물취급요령 및 화물자동차 운수사업법령 등에 관하여 국토교통부장관이 실시하는 이론 및 실기 교육을 이수할 것

> 화물자동차 운수사업의 운전업무에 종사하려는 자는 「교통안전법」에 따른 교통안전체험에 관한 연구·교육시설에서 교통안전체험, 화물취급요령 및 화물자동차 운수사업법령 등에 관하여 국토교통부장관이 실시하는 이론 및 실기 교육을 이수해야 한다.

21

자동차관리법상 이전등록 신청기간으로 옳은 것은?

① 매매의 경우 : 매수한 날부터 15일 이내
② 증여의 경우 : 증여를 받은 날부터 30일 이내
③ 상속의 경우 : 상속개시일이 속하는 달의 말일부터 3개월 이내
④ 그 밖의 사유로 인한 소유권이전의 경우 : 사유가 발생한 날부터 20일 이내

> 자동차관리법상 이전등록 신청기간
> 1) 매매의 경우 : 매수한 날부터 15일 이내
> 2) 증여의 경우 : 증여를 받은 날부터 20일 이내
> 3) 상속의 경우 : 상속개시일이 속하는 달의 말일부터 6개월 이내
> 4) 그 밖의 사유로 인한 소유권이전의 경우 : 사유가 발생한 날부터 15일 이내

22

화물자동차 운수사업법상 차령이 4년 이하인 비사업용 소형 화물자동차의 정기검사 유효기간으로 옳은 것은?

① 2년
② 1년
③ 6개월
④ 3개월

화물자동차의 정기검사 유효기간

구분			검사 유효기간
사업용 구분	규모	차령	
비사업용 화물자동차	경형·소형	차령이 4년 이하인 경우	2년
		차령이 4년 초과인 경우	1년
	중형	차령이 5년 이하인 경우	1년
	대형	차령이 5년 초과인 경우	6개월
사업용 화물자동차	경형·소형	모든 차령	1년(신조차로서 신규검사를 받은 것으로 보는 자동차의 최초 검사 유효기간은 2년)
	중형	차령이 5년 이하인 경우	1년
		차령이 5년 초과인 경우	6개월
	대형	차령이 2년 이하인 경우	1년
		차령이 2년 초과인 경우	6개월

23

화물자동차 운수사업법상 자가용 화물자동차 사용신고 대상 차량의 기준조건으로 옳은 것은?

① 최대 적재량이 1톤 이상인 화물자동차
② 최대 적재량이 1.5톤 이상인 화물자동차
③ 최대 적재량이 2톤 이상인 화물자동차
④ **최대 적재량이 2.5톤 이상인 화물자동차**

화물자동차 운수사업법상 자가용 화물자동차 사용신고
1) 화물자동차 운송사업과 화물자동차 운송가맹사업에 이용되지 아니하고 자가용으로 사용되는 화물자동차로 특수자동차
2) 특수자동차를 제외한 화물자동차로서 최대 적재량이 2.5톤 이상인 화물자동차로 사용하려는 자는 국토교통부령으로 정하는 사항을 시·도지사에게 신고하여야 함

24

도로법상 도로의 종류 중 다음 설명과 관계 깊은 것은?

> 도로교통망의 중요한 축(軸)을 이루며 주요 도시를 연결하는 도로로서 자동차 전용의 고속교통에 사용되는 도로 노선을 정하여 지정·고시한 것

① 시도 ② 지방도
③ **고속국도** ④ 일반국도

국토교통부장관은 도로교통망의 중요한 축(軸)을 이루며 주요 도시를 연결하는 도로로서 자동차(「자동차관리법」 제2조 제1호에 따른 자동차 및 같은 조 제1호의3에 따른 자율주행자동차와 「건설기계관리법」 제2조 제1항 제1호에 따른 건설기계 중 대통령령으로 정하는 것을 말한다. 이하 제47조, 제113조 및 제115조 제1호에서 같다) 전용의 고속교통에 사용되는 도로 노선을 정하여 고속국도를 지정·고시한다.

25

도로법상 타공작물에 해당하지 않는 것은?

① 둑 ② **공동구**
③ 가로수 ④ 횡단도로

도로법상 "타공작물"이란 도로와 그 효용을 함께 발휘하는 둑, 호안(護岸), 철도 또는 궤도용의 교량, 횡단도로, 가로수, 그 밖에 대통령령으로 정하는 공작물을 말한다.
공동구는 도로법상 도로의 부속물에 해당한다.

2 화물취급요령

26

화물취급 시 과적의 위험성에 대한 설명으로 옳지 않은 것은?

① 엔진, 차량자체 및 운행하는 도로 등에 악영향을 미친다.
② 자동차의 핸들 조작, 제동장치조작, 속도조절 등을 어렵게 한다.
③ 내리막길 운행 중 갑자기 멈추면 브레이크 파열이 발생할 위험이 있으므로 주의하여 운행해야 한다.
④ **과적 차량의 경우 내리막길에서는 서행해야 하지만 오르막길에서는 정상 속도로 운행해도 무관하다.**

과적 차량이나 상대적으로 무거운 화물을 적재한 차량은 오르막길이나 내리막길에서는 서행하며 주의운행해야 한다.

27

다음 중 운송장의 기능으로 옳지 않은 것은?

① **수입내용** ② 계약서 기능
③ 정보처리 기본자료 ④ 운송요금 영수증 기능

운송장의 기능
계약서 기능/화물인수증 기능/운송요금 영수증 기능/정보처리 기본자료/배달에 대한 증빙(배송에 대한 증거서류 기능)/수입금 관리자료/행선지 분류정보 제공(작업지시서 기능)

28

포장의 가장 기본적인 기능으로 제품의 품질유지에 불가결한 요소인 것은?

① 상품성
② 편리성
③ **보호성**
④ 효율성

> ① 상품성 : 생산 공정을 거쳐 만들어진 물품은 자체 상품뿐만 아니라 포장을 통해 상품화가 완성됨
> ② 편리성 : 공업포장, 상업포장에 공통된 것으로서 설명서, 증서, 서비스품, 팜플릿 등을 넣거나 진열이 쉽고 수송, 하역, 보관에 편리함
> ④ 효율성 : 작업효율이 양호한 것을 의미하며, 구체적으로는 생산, 판매, 하역, 수배송 등의 작업이 효율적으로 이루어짐

29

스티커형 운송장에 대한 설명으로 옳지 않은 것은?

① 보통의 프린터나 수작업으로 운송장을 기록할 수 없으므로 별도의 EDI시스템이 필요하다.
② 배달표형 스티커 운송장과 바코드 절취형 스티커 운송장이 있다.
③ **동일 수하인에게 다수의 화물이 배달될 때 운송장 비용을 절약하기 위하여 사용한다.**
④ 운송장 제작비와 전산 입력비용을 절약하기 위하여 기업고객과 완벽한 EDI(전자문서교환)시스템이 구축될 수 있는 경우에 이용한다.

> 동일 수하인에게 다수의 화물이 배달될 때 운송장 비용을 절약하기 위하여 사용하는 운송장은 보조 운송장이다.

30

트레일러의 종류 중에서 총하중이 트레일러만으로 지탱되도록 설계되어 선단에 트랙터를 갖춘 트레일러를 무엇이라고 하는가?

① 돌리(Dolly)
② **풀 트레일러(Full trailer)**
③ 폴 트레일러(Pole trailer)
④ 세미 트레일러(Semi-trailer)

> 트레일러의 종류
> 1) 풀 트레일러(Full trailer) : 총하중이 트레일러만으로 지탱되도록 설계되어 선단에 견인구 즉, 트랙터를 갖춘 트레일러
> 2) 세미 트레일러(Semi-trailer) : 세미 트레일러용 트랙터에 연결하여, 총하중의 일부분이 견인하는 자동차에 의해서 지탱되도록 설계된 트레일러
> 3) 폴 트레일러(Pole trailer) : 기둥, 통나무 등 장척의 적하물 자체가 트랙터와 트레일러의 연결 부분을 구성하는 구조의 트레일러
> 4) 돌리(Dolly) : 세미 트레일러와 조합해서 풀 트레일러로 하기 위한 견인구를 갖춘 대차

31

운송장의 부착요령에 대한 설명으로 옳은 것은?

① 물품의 정중앙 하단에 뚜렷하게 보이도록 부착한다.
② 박스 모서리나 후면 또는 측면에 부착해도 무관하다.
③ **박스 물품이 아닌 쌀, 매트, 카펫 등은 물품의 정중앙에 운송장을 부착한다.**
④ 취급주의 스티커의 경우 운송장 바로 좌측 옆에 붙여서 눈에 띄도록 한다.

> ① 물품의 정중앙 상단에 뚜렷하게 보이도록 부착한다.
> ② 박스 모서리나 후면 또는 측면에 부착하여 혼동을 주어서는 안 된다.
> ④ 취급주의 스티커의 경우 운송장 바로 우측 옆에 붙여서 눈에 띄게 한다.

32

다음에서 설명하고 있는 포장방법으로 옳은 것은?

> 물품 또는 포장 물품을 상자, 포대, 나무통 및 금속관 등의 용기에 넣거나 용기를 사용하지 않고 결속하여 기호, 화물표시 등을 하는 포장 방법

① 개장   ② 내장
③ **외장**   ④ 결장

> 외장은 겉포장(외부포장)으로 포장 화물 외부의 포장이다. 물품 또는 포장 물품을 상자, 포대, 나무통 및 금속관 등의 용기에 넣거나 용기를 사용하지 않고 결속하여 기호, 화물표시 등을 하는 방법 및 포장한 상태를 의미한다.

33

적재함 구조에 따른 화물자동차의 종류 중에서 전용 특장차에 해당하지 않는 것은?

① 덤프트럭   ② 믹서차량
③ 벌크차량   ④ **시스템차량**

> 전용 특장차는 차량의 적재함을 특수한 화물에 적합하도록 구조를 갖추거나 특수한 작업이 가능하도록 기계장치를 부착한 차량으로 덤프트럭, 믹서차량, 벌크차량, 액체 수송차, 냉동차 등이 있다.

34

성인 여자 단독으로 계속작업할 때 1인당 화물의 적정 무게 한도로 옳은 것은?

① **5kg ~ 10kg**   ② 10kg ~ 15kg
③ 15kg ~ 20kg   ④ 20kg ~ 25kg

> 성인 여자 단독으로 계속작업할 때 1인당 화물의 적정 무게 한도는 5kg ~ 10kg이다.

35

이사화물 표준약관상 운송에 특수한 관리를 요하기 때문에 다른 화물과 동시에 운송하기에 적합하지 않아 인수거절이 가능한 물건이 아닌 것은?

① 동식물
② 미술품
③ 골동품
④ **공산품**

> 동식물, 미술품, 골동품 등은 운송에 특수한 관리를 요하기 때문에 다른 화물과 동시에 운송하기에 적합하지 않아 인수거절이 가능한 물건에 해당한다.

36

나무상자를 파렛트에 쌓는 경우에 붕괴 방지를 위해 많이 사용하는 적재 방식으로 옳은 것은?

① **밴드걸기 방식**
② 주연어프 방식
③ 스트레치 방식
④ 슬립 멈추기 시트삽입 방식

> ② 주연어프 방식 : 파렛트의 가장자리(주연)를 높게 하여 포장화물을 안쪽으로 기울여, 화물이 갈라지는 것을 방지하는 방법
> ③ 스트레치 방식 : 스트레치 포장기를 사용하여 플라스틱 필름을 파렛트 화물에 감아 움직이지 않게 하는 방법
> ④ 슬립 멈추기 시트삽입 방식 : 포장과 포장 사이에 미끄럼을 멈추는 시트를 넣음으로써 안전을 도모하는 방법

37

택배 표준약관상 운송물의 수탁을 거절할 수 있는 가액기준으로 옳은 것은?

① 운송물 1포장의 가액이 100만원을 초과하는 경우
② 운송물 1포장의 가액이 200만원을 초과하는 경우
③ 운송물 1포장의 가액이 300만원을 초과하는 경우
④ 운송물 1포장의 가액이 400만원을 초과하는 경우

> 택배 표준약관상 운송물의 수탁을 거절할 수 있는 가액기준은 운송물 1포장의 가액이 300만원을 초과하는 경우이다.

38

고속도로에서 운행이 제한되는 차량의 기준으로 옳은 것은?

① 차량의 축하중이 20톤을 초과하는 차량
② 차량의 총중량이 50톤을 초과하는 차량
③ 적재물을 포함한 차량의 길이가 20.5m를 초과하는 차량
④ 적재물을 포함한 차량의 폭이 2.5m를 초과하는 차량

> 고속도로 운행제한차량
> 1) 차량의 축하중이 10톤을 초과하는 차량
> 2) 차량의 총중량이 40톤을 초과하는 차량
> 3) 적재물을 포함한 차량의 길이가 16.7m를 초과하는 차량
> 4) 적재물을 포함한 차량의 폭이 2.5m를 초과하는 차량
> 5) 적재물을 포함한 차량의 높이가 4.0m를 초과(도로 구조의 보전과 통행의 안전에 지장이 없다고 도로관리청이 인정하여 고시한 도로의 경우에는 4.2m)하는 차량

39

이사화물의 멸실, 훼손 또는 연착에 대한 사업자의 손해배상책임은 고객이 이사화물을 인도받은 날로부터 얼마의 기간이 경과하면 소멸하는가?

① 1년   ② 2년
③ 3년   ④ 4년

> 이사화물 표준약관상 이사화물의 멸실, 훼손 또는 연착에 대한 사업자의 손해배상책임은 고객이 이사화물을 인도받은 날로부터 1년이 경과하면 소멸한다.

40

다음 일반화물의 취급 표지 중에서 취급되는 최소 단위 화물의 무게 중심을 표시하는 것은?

①  ②

③  ④

> ① 위 쌓기(화물의 올바른 윗 방향을 표시), ② 갈고리 금지(갈고리를 사용해서는 안 됨), ③ 적재 금지(포장의 위에 다른 화물을 쌓으면 안 된다는 표시)

3 안전운행요령

41

교통사고의 요인 중에서 환경요인에 해당하지 않는 것은?

① 교통환경   ② 교통상황
③ 운전습관   ④ 교통여건의 변화

> 운전자 또는 보행자의 신체적·생리적 조건, 위험의 인지와 회피에 대한 판단, 심리적 조건 등에 관한 것과 운전자의 적성과 자질, 운전습관, 내적태도 등에 관한 것은 인적요인에 해당한다.

42

도로교통체계를 구성하는 요소로 보기 어려운 것은?

① 차량
② 도로사용자
③ **교통 관련 법규**
④ 도로 및 교통신호등 등의 환경

> 도로교통체계를 구성하는 요소에는 운전자 및 보행자를 비롯한 도로사용자, 도로 및 교통신호등 등의 환경, 차량이 있으며, 이 요소들이 제 기능을 다하지 못할 경우에는 교통사고를 비롯한 여러 가지 교통문제가 발생할 수 있다.

43

운전자 요인에 의한 교통사고 중에서 가장 많이 발생하는 요인인 것은?

① **인지과정의 결함**
② 판단과정의 결함
③ 조작과정의 결함
④ 위 세 가지 요인의 발생빈도는 동일하다.

> 운전자 요인에 의한 교통사고 원인은 인지과정의 결함에 의한 사고가 절반 이상으로 가장 많으며 그 다음이 판단과정의 결함, 조작과정의 결함의 순이다.

44

운전과 관련된 시각특성에 대한 설명으로 옳은 것은?

① 운전자는 운전에 필요한 모든 정보를 시각을 통하여 얻는다.
② **속도가 빨라질수록 시력은 떨어진다.**
③ 속도가 빨라질수록 시야의 범위가 넓어진다.
④ 속도가 빨라질수록 전방주시점은 가까워진다.

> 속도가 빨라질수록 시력은 떨어진다.
> ① 운전자는 운전에 필요한 정보의 대부분을 시각을 통하여 획득한다.
> ③ · ④ 속도가 빨라질수록 시야의 범위가 좁아지며, 전방주시점은 멀어진다.

45

한쪽 눈을 보지 못하는 사람이 제2종 운전면허를 취득하기 위해 필요한 시력기준으로 옳은 것은?

① 다른 쪽 눈의 시력이 0.5 이상
② **다른 쪽 눈의 시력이 0.6 이상**
③ 다른 쪽 눈의 시력이 0.7 이상
④ 다른 쪽 눈의 시력이 0.8 이상

> 제2종 운전면허를 취득하기 위한 시력기준은 두 눈을 동시에 뜨고 잰 시력이 0.5 이상이어야 하며, 다만 한쪽 눈을 보지 못하는 사람은 다른 쪽 눈의 시력이 0.6 이상이어야 한다.

46

동체시력에 대한 설명으로 옳지 않은 것은?

① 연령이 높을수록 더욱 저하된다.
② 장시간 운전에 의한 피로상태에서도 저하된다.
③ 물체의 이동속도가 빠를수록 상대적으로 저하된다.
④ **아주 밝은 상태에서 1/3인치 크기의 글자를 20피트 거리에서 읽을 수 있는 사람의 시력이다.**

> 아주 밝은 상태에서 1/3인치(0.85cm) 크기의 글자를 20피트(6.10m) 거리에서 읽을 수 있는 사람의 시력은 정지시력이다. 동체시력은 움직이는 물체(자동차, 사람 등) 또는 움직이면서(운전하면서) 다른 자동차나 사람 등의 물체를 보는 시력을 의미한다.

47

곡선부 방호울타리의 기능이 아닌 것은?

① 운전자의 시선을 유도한다.
② 자동차의 차도이탈을 방지한다.
③ 자동차를 정상적인 진행방향으로 복귀시킨다.
④ **탑승자의 상해 및 자동차의 파손을 방지할 수 있다.**

> 곡선부 방호울타리를 설치하여 탑승자의 상해 및 자동차의 파손을 감소시킬 수 있으나 상해 및 파손 자체를 방지할 수는 없다.

48

암순응에 대한 설명으로 옳은 것은?

① 상황에 따라 다르지만 암순응에 걸리는 시간은 명순응보다 빨라 수초 ~ 1분에 불과하다.
② 일광 또는 조명이 어두운 조건에서 밝은 조건으로 변할 때 사람의 눈이 그 상황에 적응하여 시력을 회복하는 것을 말한다.
③ **상황에 따라 다르지만 대체로 완전한 암순응에는 30분 혹은 그 이상의 시간이 걸린다.**
④ 야간 운전 시 터널에 막 진입하였을 때 각별한 조심 운전이 필요한 이유이다.

> ① 상황에 따라 다르지만 명순응에 걸리는 시간은 암순응보다 빨라 수초 ~ 1분에 불과하다.
> ② 명순응에 대한 설명이다. 암순응은 일광 또는 조명이 밝은 조건에서 어두운 조건으로 변할 때 사람의 눈이 그 상황에 적응하여 시력을 회복하는 것을 말한다.
> ④ 암순응은 주간 운전 시 터널에 막 진입하였을 때 각별한 조심 운전이 필요한 이유이다.

49

방어운전의 개념으로 옳지 않은 것은?

① 타인의 사고를 유발시키지 않는 운전
② 자기 자신이 사고의 원인을 만들지 않는 운전
③ 자기 자신이 사고에 말려들어 가지 않게 하는 운전
④ **사고 발생 시 신속하게 대처하고 인명구호 등의 의무 수행**

> 방어운전이란 운전자가 다른 운전자나 보행자가 교통법규를 지키지 않거나 위험한 행동을 하더라도 이에 대처할 수 있는 운전자세를 갖추어 미리 위험한 상황을 피하여 운전하는 것, 위험한 상황을 만들지 않고 운전하는 것, 위험한 상황에 직면했을 때는 이를 효과적으로 회피할 수 있도록 운전하는 것이다.

50

교통사고의 요인 중에서 간접적 요인에 해당하는 것은?

① **무리한 운행계획**
② 음주 및 과로
③ 위험인지의 지연
④ 불량한 운전태도

> 교통사고의 간접적 요인은 교통사고 발생을 용이하게 한 상태를 만든 조건으로 운전자에 대한 홍보활동 결여 또는 훈련의 결여, 차량의 운전 전 점검습관의 결여, 안전운전을 위하여 필요한 교육의 태만, 안전지식 결여, 무리한 운행계획, 직장이나 가정에서의 원만하지 못한 인간관계 등이 있다.
> ②·④ 중간적 요인, ③ 직접적 요인

51

운전피로의 3가지 요인 중에서 운전자 요인이 아닌 것은?

① 성별
② 신체조건
③ 연령조건
④ **생활환경**

> 생활환경은 운전피로의 3가지 요인 중에서 생활요인에 해당한다.

52

커브길의 안전운전 및 방어운전에 대한 설명으로 옳지 않은 것은?

① 핸들을 조작할 때에는 가속이나 감속을 하지 않는다.
② 중앙선을 침범하거나 도로의 중앙으로 치우쳐 운전하지 않는다.
③ 주간에는 경음기, 야간에는 전조등을 사용하여 내 차의 존재를 알린다.
④ **앞지르기는 원활한 교통흐름을 위해서 필요한 경우라면 용인된다.**

> 커브길에서 앞지르기는 대부분 안전표지로 금지하고 있으나 안전표지가 없더라도 절대로 하지 않는다.

53

다음에서 설명하는 고령 운전자의 특성으로 옳은 것은?

> 고령 운전자는 상황을 지각하고 들어온 정보를 조직화하고 반응하는 데에 더 많은 시간을 필요로 한다.

① 반응 특성
② 인지적 특성
③ 청각적 특성
④ 시각적 특성

> 고령 운전자의 인지적 특성(정보처리와 선택적 주의)이란 운전 중에는 단시간에 많은 정보를 탐색하고 또 필요한 정보를 선택하여 처리해야 하나, 고령 운전자의 경우 상황을 지각하고 들어온 정보를 조직화하고 반응하는 데에 더 많은 시간을 필요로 한다는 측면을 의미한다.

54

음주운전 교통사고의 특징으로 보기 어려운 것은?

① 정지물체 등에 충돌할 가능성은 줄어든다.
② 고정물체와 충돌할 가능성이 높다.
③ 차량 단독사고의 가능성이 높다.
④ 치사율이 높다.

> 음주운전 교통사고의 경우 주차 중인 자동차와 같은 정지물체 등에 충돌할 가능성이 높으며, 대향차의 전조등에 의한 현혹현상 발생 시 정상운전보다 교통사고 위험이 증가한다.

55

다음 상황에서 예측할 수 있는 어린이 교통행동의 특성으로 옳은 것은?

> 공놀이를 하다가 공이 도로로 굴러가게 되었을 때 자동차 등에 주의를 기울이지 못하고 공을 따라 무심코 도로로 뛰어든 경우

① 많은 호기심과 강한 모험심
② 교통상황에 대한 주의력 부족
③ 판단력 부족과 모방행동이 많음
④ 구체적인 물체를 보고서야 상황을 판단함

> 어린이들은 한 가지 일에 몰두하면 다른 일에 대한 주의력이 급격히 떨어지기 때문에 공놀이를 하다가 공이 도로로 굴러가게 되었을 때 공을 따라 무심코 도로로 뛰어들어 교통사고가 발생하게 된다.

56

자차가 앞지르기 할 때 안전운전 및 방어운전에 대한 설명으로 옳지 않은 것은?

① 앞차의 왼쪽으로 앞지르기하지 않는다.
② 앞차가 앞지르기를 하고 있는 때에는 앞지르기를 시도하지 않는다.
③ 앞지르기에 필요한 충분한 시야가 확보되었을 때 앞지르기를 시도한다.
④ 앞지르기에 필요한 속도가 그 도로의 최고속도 범위 이내인 때 앞지르기를 시도한다.

> 자차가 앞지르기를 하는 경우에 앞차의 오른쪽으로 앞지르기하지 않는다.

57

운행기록장치 장착의무자가 그 운행하는 차량의 운행기록장치에 기록된 운행기록을 보관하여야 하는 기간으로 옳은 것은?

① 3개월
② 6개월
③ 1년
④ 3년

> 운행기록장치 장착의무자는 교통안전법에 따라 운행기록장치에 기록된 운행기록을 6개월 동안 보관하여야 한다.

58

고속도로에서의 안전운전방법으로 옳지 않은 것은?

① 전방주시
② 차간거리 확보
③ 주행차로로 주행
④ **진입은 빠르게, 진입 후 천천히 안전하게 주행**

> 고속도로에 진입할 때에는 방향지시등으로 진입 의사를 표시한 후 가속차로에서 충분히 속도를 높이고 주행하는 다른 차량의 흐름을 살펴 안전을 확인한 후 진입한다. 진입한 후에는 빠른 속도로 가속해서 교통흐름에 방해가 되지 않도록 한다.

59

자동차의 주요 안전장치 중에서 엔진에서 발생한 동력이 최종적으로 바퀴에 전달되어 자동차가 노면 위를 달리도록 하는 장치는 무엇인가?

① 제동장치
② **주행장치**
③ 조향장치
④ 현가장치

> 주행장치는 엔진에서 발생한 동력이 최종적으로 바퀴에 전달되어 자동차가 노면 위를 달리도록 하는 장치로, 휠과 타이어가 있다.

60

자동차의 앞바퀴 정렬에서 앞바퀴에 직진성을 부여하여 차의 롤링을 방지하고 핸들의 복원성을 좋게 하는 것은?

① 캠버(Camber)
② 토우인(Toe-in)
③ **캐스터(Caster)**
④ 충격흡수장치

> 캐스터(Caster)는 자동차를 옆에서 보았을 때 차축과 연결되는 킹핀의 중심선이 약간 뒤로 기울어져 있는 것으로, 앞바퀴에 직진성을 부여하여 차의 롤링을 방지하고 핸들의 복원성을 좋게 하기 위하여 필요하다.

61

빙판이나 눈길 주행 시 안전운전방법에 대한 설명으로 옳지 않은 것은?

① 제동 시 정지거리가 평소보다 2배 이상 길기 때문에 충분한 차간거리 확보 및 감속이 요구된다.
② **기어를 1단에 넣고 반클러치를 사용하여 출발하는 것이 효과적이다.**
③ 눈이 쌓인 오르막길에서는 주차 브레이크를 절반쯤 당겨 천천히 출발하고 출발 후에 주차 브레이크를 완전히 푼다.
④ 눈 쌓인 커브길 주행 시에는 기어 변속을 하지 않는다.

> 평상시에는 1단 기어로 출발하는 것이 정상이지만 미끄러운 길에서는 기어를 2단에 넣고 반클러치를 사용하는 것이 효과적이다.

62

다음과 같은 예방방법이 필요한 것은?

- 고속으로 주행하지 말 것
- 마모된 타이어를 사용하지 말 것
- 공기압을 조금 높게 할 것
- 배수효과가 좋은 타이어를 사용할 것

① **수막현상**
② 페이드(fade) 현상
③ 베이퍼 록(vapour lock) 현상
④ 모닝 록(morning lock) 현상

> 수막현상은 자동차가 물이 고인 노면을 고속으로 주행할 때 타이어는 그루브(타이어 홈) 사이에 있는 물을 배수하는 기능이 감소되어 물의 저항에 의해 노면으로부터 떠올라 물위를 미끄러지듯이 되는 현상이다.

63

야간운전 시 주의사항으로 옳지 않은 것은?

① 주간보다 속도를 낮추어 주행하도록 한다.
② 대향차의 전조등을 바로 보지 않는다.
③ 자동차가 교행하는 경우 조명장치를 상향 조정한다.
④ 노상에 주정차를 하지 않는다.

> 야간운전 시 자동차가 교행하는 경우에는 조명장치를 하향 조정한다.

64

위험물 적재 시 주의사항에 대한 설명으로 옳지 않은 것은?

① 혼재 금지된 위험물의 혼합 적재 금지
② 수납구를 위로 향하게 적재할 것
③ 지정 수량 이상의 위험물 적재 시 차량 운반 금지
④ 운반 도중 그 위험물 또는 위험물을 수납한 운반용기가 떨어지거나 그 용기의 포장이 파손되지 않도록 적재할 것

> 지정 수량 이상의 위험물을 차량으로 운반할 때에는 차량의 전면 또는 후면의 보기 쉬운 곳에 표지를 게시해야 한다.

65

운전자가 자동차를 정지시켜야 할 상황임을 지각하고 브레이크 페달로 발을 옮겨 브레이크가 작동을 시작하는 순간까지의 거리를 의미하는 것은?

① 공주거리   ② 제동거리
③ 정지거리   ④ 주행거리

> 운전자가 자동차를 정지시켜야 할 상황임을 지각하고 브레이크 페달로 발을 옮겨 브레이크가 작동을 시작하는 순간까지의 거리를 공주거리라고 한다.

4 운송서비스

66

고객의 욕구로 옳지 않은 것은?

① 칭찬하고 싶어 한다
② 환영받고 싶어 한다
③ 편안해지고 싶어 한다
④ 관심을 가져주기를 바란다

> **고객의 욕구**
> 기억되기를 바란다/환영받고 싶어 한다/관심을 가져주기를 바란다/중요한 사람으로 인식되기를 바란다/편안해지고 싶어 한다/칭찬받고 싶어 한다/기대와 욕구를 수용하여 주기를 바란다

67

고객서비스의 특징으로 옳은 것은?

① 보인다
② 영원하다
③ 가질 수 있다
④ 사람에 의존한다

> **고객서비스의 특징**
> 1) 무형성 : 보이지 않음
> 2) 동시성 : 생산과 소비가 동시에 발생함
> 3) 인간주체(이질성) : 사람에 의존함
> 4) 소멸성 : 즉시 사라짐
> 5) 무소유권 : 가질 수 없음

68

고객에 대한 올바른 인사방법이 아닌 것은?

① **가벼운 인사를 하는 경우에는 머리와 상체를 45° 숙여서 인사한다.**
② 머리와 상체를 직선으로 하여 상대방의 발끝이 보일 때까지 천천히 숙인다.
③ 인사하는 지점은 상대방과 약 2m 내외의 거리가 적당하다.
④ 밝고 상냥한 미소로 경쾌하고 겸손한 인사말과 함께 인사하면 좋다.

> 가벼운 인사는 머리와 상체를 15° 숙여서 인사하고, 정중한 인사를 하는 경우에는 45° 숙여서 인사한다.

69

1970년대 경영정보시스템(Management Information System)단계에 대한 설명으로 옳은 것은?

① 기업 내의 모든 인적·물적 자원을 효율적으로 관리하여 궁극적으로 기업의 경쟁력을 강화시켜 주는 역할을 하는 통합정보시스템
② **경영 내외의 관련 정보를 필요에 따라 즉각적이며 대량으로 수집·전달·처리·저장·이용할 수 있도록 편성한 인간과 컴퓨터의 결합시스템**
③ 부가가치 창출을 위해 최초의 공급업체로부터 최종 소비자에게 이르기까지의 상품, 서비스 및 정보의 흐름이 관련된 프로세스를 통합적으로 운영하는 경영전략
④ 유통공급망에 참여하는 모든 업체들이 협력하여 정보기술을 바탕으로 양질의 상품 및 서비스를 소비자에게 제공함으로써 소비자 가치를 극대화시키기 위한 전략

> ① 전사적자원관리(Enterprise Resource Planning)단계, ③·④ 공급망관리(Supply Chain Management)단계

70

물류의 기능 중에서 상품의 장소적(공간적) 효용 창출과 관계 깊은 것은?

① **운송기능** ② 포장기능
③ 보관기능 ④ 하역기능

> 물류의 운송기능은 물품을 공간적으로 이동시키는 것으로, 수송을 통해 생산지와 수요지와의 공간적 거리를 극복하고 상품의 장소적(공간적) 효용을 창출하도록 한다.

71

기업물류의 활동 중에서 지원활동에 해당하는 것은?

① 수송 ② **구매**
③ 재고관리 ④ 주문처리

> 기업물류의 활동 중에서 지원활동에는 보관, 자재관리, 구매, 포장, 생산량과 생산일정 조정, 정보관리 등이 있다.
> ①·③·④ 기업물류의 주활동

72

물류전략의 실행구조와 8가지 핵심영역 중에서 기능정립과 거리가 먼 것은?

① 수송관리
② 자재관리
③ **공급망설계**
④ 창고설계·운영

> 물류전략의 실행구조와 8가지 핵심영역 중에서 공급망설계는 기능정립이 아니라 구조설계에 해당한다.

73

물류아웃소싱과 제3자 물류를 비교하였을 때 제3자 물류의 내용이 아닌 것은?

① 화주와의 관계 : 계약기반
② 관계내용 : 장기(1년 이상), 협력
③ 서비스 범위 : 통합물류서비스
④ **도입방법 : 수의계약**

> 물류아웃소싱과 제3자 물류를 비교하였을 때 제3자 물류의 도입방법은 경쟁계약이다.

74

제4자 물류의 4단계 중에서 다음에서 설명하고 있는 것은?

- 판매, 운영계획, 유통관리, 구매전략, 고객서비스, 공급망 기술을 포함한 특정한 공급망에 초점을 둔다.
- 전략적 사고, 조직변화관리, 고객의 공급망 활동과 프로세스를 통합하기 위한 기술을 강화한다.

① 재창조(Reinvention)
② **전환(Transformation)**
③ 이행(Implementation)
④ 실행(Execution)

> 전환(Transformation)은 제4물류의 2단계로 판매, 운영계획, 유통관리, 구매전략, 고객서비스, 공급망 기술을 포함한 특정한 공급망에 초점을 맞추며, 전략적 사고, 조직변화관리, 고객의 공급망 활동과 프로세스를 통합하기 위한 기술을 강화한다.

75

수송의 개념으로 옳은 것은?

① 기업과 고객 간 이동
② 지역 내 화물의 이동
③ 단거리 소량화물의 이동
④ **1개소의 목적지에 1회에 직송**

> 수송은 장거리 대량화물의 이동, 거점과 거점 간 이동, 지역 간 화물의 이동, 1개소의 목적지에 1회에 직송되는 것이다.

76

운송 관련 용어에 대한 설명으로 옳지 않은 것은?

① 운수 : 행정상 또는 법률상의 운송
② **통운 : 한정된 공간과 범위 내에서의 재화의 이동**
③ 교통 : 현상적인 시각에서의 재화의 이동
④ 운송 : 서비스 공급 측면에서의 재화의 이동

> 통운은 소화물 운송을 의미한다. 한정된 공간과 범위 내에서의 재화의 이동은 운반이라고 한다.

77

공동배송의 장단점이 아닌 것은?

① 교통혼잡 완화
② 안정된 수송시장의 확보
③ 배송순서의 조절이 어려움
④ **기업비밀 누출에 대한 우려**

> 기업비밀 누출에 대한 우려는 공동수송의 단점에 해당한다.

78

물류서비스의 발전단계 중 로지스틱스(Logistics)에 대한 내용이 아닌 것은?

① 시기 : 1986년 ~ 1997년
② 목적 : 기업 내 물류 효율화
③ 대상 : 생산, 물류, 판매
④ 주제 : 효율화(전문화, 분업화)

> 물류서비스는 '물류 → 로지스틱스(Logistics) → 공급망관리(SCM)'의 순서로 발전하였다.
> ④ 물류에 해당하는 내용이다.

79

효율적 고객대응(ECR)에 대한 설명으로 옳지 않은 것은?

① 소비자 만족에 초점을 둔 공급망관리의 효율성을 극대화하기 위한 모델이다.
② 도입효과로 기업통합과 가상기업의 실현을 기대할 수 있다.
③ 산업체와 산업체 간 통합을 통하여 표준화와 최적화를 도모할 수 있다.
④ 섬유산업뿐만 아니라 식품 등 다른 산업부문에도 활용할 수 있다.

> ② 통합판매·물류·생산시스템(CALS ; Computer Aided Logistics Support)에 대한 설명이다.

80

트럭운송의 미래를 위한 노력으로 옳지 않은 것은?

① 트레일러 수송과 도킹시스템화
② 컨테이너 및 파렛트 수송의 강화
③ 트럭터미널의 복합화와 시스템화
④ 바꿔 태우기 수송과 이어타기 수송의 축소

> 트럭의 보디를 바꿔 실음으로써 합리화를 추진하는 것을 바꿔 태우기 수송이라고 한다. 이어타기 수송은 도킹 수송과 유사한 것으로, 중간지점에서 운전자만 교체하는 수송방법을 말한다. 이러한 바꿔 태우기 수송과 이어타기 수송은 트럭운송의 전망을 위해 필요한 방안에 해당한다.

CHAPTER 02 제2회 CBT 기출복원문제

1 교통 및 화물자동차 관련 법규

01

도로교통법상 연석선, 안전표지 또는 그와 비슷한 인공구조물을 이용하여 경계를 표시하여 모든 차가 통행할 수 있도록 설치된 도로의 부분을 이르는 용어로 옳은 것은?

① 차도 ② 보도
③ 차선 ④ 차로

> 연석선, 안전표지 또는 그와 비슷한 인공구조물을 이용하여 경계를 표시하여 모든 차가 통행할 수 있도록 설치된 도로의 부분은 차도라고 한다.

02

황색등화의 점멸이 의미하는 것으로 옳은 것은?

① 비보호좌회전표지 또는 비보호좌회전표시가 있는 곳에서 좌회전 할 수 있다.
② 차마는 다른 교통 또는 안전표지의 표시에 주의하면서 진행 가능하다.
③ 이미 교차로에 차마의 일부라도 진입한 경우에는 신속히 교차로 밖으로 진행하여야 한다.
④ 차마는 정지선이나 횡단보도가 있을 때에는 그 직전이나 교차로의 직전에 일시정지한 후 다른 교통에 주의하면서 진행 가능하다.

> ① 녹색의 등화, ③ 황색의 등화, ④ 적색등화의 점멸일 경우 신호의 의미이다.

03

다음 안전표지 중 규제표지의 개수는?

① 2개 ② 3개
③ 4개 ④ 5개

> 6개의 안전표지 중에서 규제표지는 4개, 보조표지와 주의표지가 각각 1개이다.

04

노면표시에 사용되는 색상 중 반대방향의 교통류 분리 또는 도로이용의 제한 및 지시에 사용되는 것은?

① 백색 ② 황색
③ 청색 ④ 적색

> **노면표시의 기본색상**
>
> | | |
> |---|---|
> | 백색 | 동일방향의 교통류 분리 및 경계표시 |
> | 황색 | 반대방향의 교통류 분리 또는 도로이용의 제한 및 지시 |
> | 청색 | 지정방향의 교통류 분리표시(버스전용차로표시 및 다인승차량전용차선표시) |
> | 적색 | 어린이보호구역 또는 주거지역 안에 설치하는 속도제한표시의 테두리선 및 소방시설 주변 정차·주차금지표시에 사용 |

05

차로에 따른 통행방법에 대한 설명으로 옳지 않은 것은?

① 운전자는 반대방향의 교통을 방해할 우려가 있는 경우 도로의 중앙이나 좌측 부분을 통행할 수 있다.
② 운전자는 도로의 파손, 도로공사나 그 밖의 장애 등으로 도로의 우측 부분을 통행할 수 없는 경우 도로의 중앙이나 좌측 부분을 통행할 수 있다.
③ 운전자는 안전지대 등 안전표지에 의하여 진입이 금지된 장소에 들어가서는 안 된다.
④ 운전자는 안전표지로 통행이 허용된 장소를 제외하고는 자전거도로 또는 길가장자리구역으로 통행하여서는 안 된다.

> 운전자는 도로 우측 부분의 폭이 6m가 되지 아니하는 도로에서 다른 차를 앞지르려는 경우 도로의 중앙이나 좌측 부분을 통행할 수 있으나, 도로의 좌측 부분을 확인할 수 없는 경우, 반대방향의 교통을 방해할 우려가 있는 경우, 안전표지 등으로 앞지르기를 금지하거나 제한하고 있는 경우에는 도로의 중앙이나 좌측 부분을 통행할 수 없다.

06

화물자동차 운행상의 안전기준으로 옳지 않은 것은?

① 화물자동차는 지상으로부터 4m 높이를 넘지 않을 것
② 자동차 길이에 그 길이의 10분의 1을 더한 길이를 넘지 않을 것
③ 적재중량은 구조 및 성능에 따르는 적재중량의 110퍼센트 이내일 것
④ 도로구조의 보전과 통행의 안전에 지장이 없다고 인정하여 고시한 도로노선의 경우 4m 30cm 높이를 넘지 않을 것

> 화물자동차는 지상으로부터 4m(도로구조의 보전과 통행의 안전에 지장이 없다고 인정하여 고시한 도로노선의 경우에는 4m 20cm) 높이를 넘지 않아야 한다.

07

눈이 20mm 이상 쌓인 이상 기후 시 운행속도로 옳은 것은?

① 최고속도의 100분의 20 줄인 속도
② 최고속도의 100분의 30 줄인 속도
③ 최고속도의 100분의 40 줄인 속도
④ 최고속도의 100분의 50 줄인 속도

> 폭우・폭설・안개 등으로 가시거리가 100m 이내인 경우, 노면이 얼어붙은 경우, 눈이 20mm 이상 쌓인 경우에는 최고속도의 100분의 50 줄인 속도로 운행해야 한다.

08

제2종 보통면허로 운전할 수 있는 화물자동차의 기준으로 옳은 것은?

① 적재중량 4톤 이하의 화물자동차
② 적재중량 6톤 이하의 화물자동차
③ 적재중량 10톤 이하의 화물자동차
④ 적재중량 12톤 이하의 화물자동차

화물자동차 운전 가능 면허	
구분	종류
제1종 대형면허	화물자동차/특수자동차(대형・소형 견인차 및 구난차 제외)
제1종 보통면허	적재중량 12톤 미만의 화물자동차/총중량 10톤 미만의 특수자동차(구난차 등 제외)
제1종 소형면허	3륜화물자동차
제2종 보통면허	적재중량 4톤 이하의 화물자동차/총중량 3.5톤 이하의 특수자동차(구난차 등 제외)

09

다음 범칙행위 중에서 벌점이 가장 높은 것은?

① **속도위반(60km/h 초과 80km/h 이하)**
② 철길 건널목 통과방법 위반
③ 안전거리 미확보(진로변경 방법 위반 포함)
④ 적재 제한 위반 또는 적재물 추락 방지 위반

> ① 60점, ② 30점, ③ 10점, ④ 15점의 벌점이 부과된다.

10

주취 중 운전으로 사람을 사상한 후 구호조치 및 사고발생신고의무를 위반한 경우, 운전면허취득 응시기간이 제한되는 기간으로 옳은 것은?

① 위반한 날로부터 1년간
② 위반한 날로부터 2년간
③ 위반한 날로부터 4년간
④ **위반한 날로부터 5년간**

> 무면허 운전, 주취 중 운전, 과로·질병·약물 운전으로 사람을 사상한 후 구호·신고조치를 아니하여 운전면허가 취소된 경우에는 위반일 또는 취소일로부터 5년간 운전면허취득 응시기간이 제한된다.

11

교통사고처리특례법상 신호·지시 위반사고에 대한 설명으로 옳지 않은 것은?

① 황색주의신호는 기본이 3초이다.
② 교통경찰공무원을 보조하는 사람의 수신호사고 시 신호위반이 적용된다.
③ 좌회전 신호 없는 교차로 좌회전 중 사고의 경우 대형사고 예방측면에서 신호위반을 적용한다.
④ **신호·지시 위반사고의 시설물 설치요건 중 아파트 단지 등 특정구역 내부 소통과 안전을 목적으로 자체적으로 설치된 경우도 포함된다.**

> 신호·지시 위반사고의 성립요건 중 시설물 설치요건에서 아파트 단지 등 특정구역 내부 소통과 안전을 목적으로 자체적으로 설치된 경우는 제외된다.

12

교통사고처리특례법상 중앙선침범이 성립되는 사고로 옳은 것은?

① **빗길 과속운행으로 발생한 사고**
② 보행자를 피하려다 발생한 사고
③ 뒤차의 추돌로 앞차가 밀린 경우
④ 학교나 군부대 혹은 아파트 등 단지 내 사설중앙선 침범사고

> 중앙선침범이 적용되지 않는 경우는 불가항력적 사고, 사고피양 등 만부득이한 사고(안전운전 불이행 적용), 중앙선침범이 성립되지 않는 사고 등이 있다.

13

횡단보도에서 이륜차와 사고 발생 시 조치에 대한 설명으로 옳지 않은 것은?

① 이륜차를 타고 횡단보도 통행 중 사고 - 안전운전 불이행 적용
② **이륜차를 타고 횡단보도 통행 중 사고 - 보행자 보호의무 위반 적용**
③ 이륜차를 끌고 횡단보도 보행 중 사고 - 보행자 보호의무 위반 적용
④ 이륜차를 타고 가다 멈추고 한 발을 페달에, 한 발을 노면에 딛고 서 있던 중 사고 - 보행자 보호의무 위반 적용

> **횡단보도에서 이륜차와 사고 발생 시 조치**
>
> | 형태 | 결과 | 조치 |
> |---|---|---|
> | 이륜차를 타고 횡단보도 통행 중 사고 | 이륜차를 보행자로 볼 수 없고 제차로 간주하여 처리 | 안전운전 불이행 적용 |
> | 이륜차를 끌고 횡단보도 보행 중 사고 | 보행자로 간주 | 보행자 보호의무 위반 적용 |
> | 이륜차를 타고 가다 멈추고 한 발을 페달에, 한 발을 노면에 딛고 서 있던 중 사고 | 보행자로 간주 | 보행자 보호의무 위반 적용 |

14

일단정지와 일시정지 중에서 일시정지를 해야 하는 경우는 모두 몇 개인가?

- 철길 건널목을 통과할 때
- 횡단보도상에 보행자가 통행할 때
- 교통정리가 행하여지고 있지 아니한 교통이 빈번한 교차로를 통행할 때
- 어린이, 영유아, 앞을 보지 못하는 사람이 도로를 횡단하는 때

① 1개 ② 2개
③ 3개 **④ 4개**

> 일시정지란 차 또는 노면전차의 운전자가 그 차 또는 노면전차의 바퀴를 일시적으로 완전히 정지시키는 것(정지상황의 일시적 전개)을 의미한다.

15

다음 중 무면허운전에 해당하는 경우는 모두 몇 개인가?

- 건설기계를 제1종 보통운전면허로 운전한 경우
- 외국인으로 국제운전면허를 받고 운전하는 경우
- 시험합격 후 면허증을 교부 받고 운전하는 경우
- 면허 있는 자가 도로에서 무면허자에게 운전연습을 시키던 중 사고를 야기한 경우

① 1개 **② 2개**
③ 3개 ④ 4개

> 건설기계를 제1종 보통운전면허로 운전한 경우와 면허 있는 자가 도로에서 무면허자에게 운전연습을 시키던 중 사고를 야기한 경우는 모두 무면허운전에 해당한다.

16

화물자동차 운수사업에 제공되는 공영차고지를 설치할 수 있는 자가 아닌 것은?

① 「한국도로교통공단법」에 따른 한국도로교통공단
② 「한국토지주택공사법」에 따른 한국토지주택공사
③ 「한국철도공사법」에 따른 한국철도공사
④ 「지방공기업법」에 따른 지방공사

> 운수사업에 제공되는 공영차고지 설치권자
> 1) 특별시장·광역시장·특별자치시장·도지사·특별자치도지사
> 2) 시장·군수·구청장(자치구의 구청장)
> 3) 「공공기관의 운영에 관한 법률」에 따른 공공기관 중 대통령령으로 정하는 공공기관
>   - 「인천국제공항공사법」에 따른 인천국제공항공사
>   - 「한국공항공사법」에 따른 한국공항공사
>   - 「한국도로공사법」에 따른 한국도로공사
>   - 「한국철도공사법」에 따른 한국철도공사
>   - 「한국토지주택공사법」에 따른 한국토지주택공사
>   - 「항만공사법」에 따른 항만공사
> 4) 「지방공기업법」에 따른 지방공사

17

화물자동차 운수사업법상 준용하는 법률이 차례대로 바르게 연결된 것은?

- 화물의 멸실(滅失)·훼손(毀損) 또는 인도(引渡)의 지연(이하 "적재물사고"라 한다)으로 발생한 운송사업자의 손해배상 책임에 관하여는 (　)을 준용한다.
- 협회에 관하여는 이 법에 규정된 사항 외에는 (　) 중 사단법인에 관한 규정을 준용한다.
- 운송사업자가 다른 운송사업자나 다른 운송사업자에게 소속된 위·수탁차주에게 화물운송을 위탁하는 경우에는 운송가맹사업자의 화물정보망이나 (　)에 따라 인증 받은 화물정보망을 이용할 수 있다.

① 헌법 – 형법 – 소방기본법
② 상법 – 민법 – 물류정책기본법
③ 형법 – 상법 – 행정대집행법
④ 민법 – 행정법 – 여객자동차 운수사업법

- 화물의 멸실(滅失)·훼손(毀損) 또는 인도(引渡)의 지연(이하 "적재물사고"라 한다)으로 발생한 운송사업자의 손해배상 책임에 관하여는 「상법」 제135조를 준용한다.
- 협회에 관하여는 이 법에 규정된 사항 외에는 「민법」 중 사단법인에 관한 규정을 준용한다.
- 운송사업자가 다른 운송사업자나 다른 운송사업자에게 소속된 위·수탁차주에게 화물운송을 위탁하는 경우에는 운송가맹사업자의 화물정보망이나 「물류정책기본법」 제38조에 따라 인증 받은 화물정보망을 이용할 수 있다.

18

화물자동차 운수사업법상 책임보험계약 등의 해제가 가능한 경우가 아닌 것은?

① 화물자동차 운송사업을 휴업하거나 폐업한 경우
② 화물자동차 운송주선사업의 허가가 취소된 경우
③ 화물자동차 운송사업의 사업적자가 심각한 경우
④ 보험회사 등이 파산 등의 사유로 영업을 계속할 수 없는 경우

책임보험계약 등의 해제
1) 화물자동차 운송사업의 허가사항이 변경(감차만을 말한다)된 경우
2) 화물자동차 운송사업을 휴업하거나 폐업한 경우
3) 화물자동차 운송사업의 허가가 취소되거나 감차 조치 명령을 받은 경우
4) 화물자동차 운송주선사업의 허가가 취소된 경우
5) 화물자동차 운송가맹사업의 허가사항이 변경(감차만을 말한다)된 경우
6) 화물자동차 운송가맹사업의 허가가 취소되거나 감차 조치 명령을 받은 경우
7) 적재물배상보험 등에 이중으로 가입되어 하나의 책임보험계약 등을 해제하거나 해지하려는 경우
8) 보험회사 등이 파산 등의 사유로 영업을 계속할 수 없는 경우
9) 그 밖에 위의 규정에 준하는 경우로서 대통령령으로 정하는 경우

19

화물자동차 운수사업법상 화물운송자격증명을 관할관청에 반납해야 하는 경우가 아닌 것은?

① 화물자동차 운전자의 화물운송 종사자격이 취소된 경우
② 사업의 양도 신고를 하는 경우
③ 화물자동차 운전자의 화물운송 종사자격의 효력이 정지된 경우
④ 화물자동차 운송사업의 휴업 또는 폐업 신고를 하는 경우

사업의 양도 신고를 하는 경우, 화물자동차 운전자의 화물운송 종사자격이 취소되거나 효력이 정지된 경우에는 관할관청에 화물운송자격증명을 반납하고 관할관청은 그 사실을 협회에 통지하여야 한다. 그러나 퇴직한 화물자동차 운전자의 명단을 제출하는 경우, 화물자동차 운송사업의 휴업 또는 폐업 신고를 하는 경우에는 관할관청이 아닌 협회에 반납하여야 한다.

20

화물자동차 운수사업법상 적재된 화물이 떨어지지 아니하도록 국토교통부령으로 정하는 기준 및 방법에 따라 필요한 조치를 하지 아니하여 사람을 상해 또는 사망에 이르게 한 운송사업자에 대한 벌칙으로 옳은 것은?

① 1년 이하의 징역 또는 1천만원 이하의 벌금
② 2년 이하의 징역 또는 2천만원 이하의 벌금
③ 3년 이하의 징역 또는 3천만원 이하의 벌금
④ 5년 이하의 징역 또는 2천만원 이하의 벌금

> 운송사업자는 적재된 화물이 떨어지지 아니하도록 국토교통부령으로 정하는 기준 및 방법에 따라 덮개·포장·고정장치 등 필요한 조치를 하여야 한다. 그러나 필요한 조치를 하지 아니하여 사람을 상해 또는 사망에 이르게 한 경우 운송사업자는 5년 이하의 징역 또는 2천만원 이하의 벌금에 처한다.

21

도로의 부속물로 보기 어려운 것은?

① 육교
② 도로표지
③ 식수대
④ 과속방지시설

> 육교는 도로에 해당되지만 도로의 부속물로 보기는 어렵다.

22

자동차관리법상 정기검사 또는 종합검사를 받지 않은 경우로 지연기간이 30일 이내인 때의 과태료로 옳은 것은?

① 4만원
② 6만원
③ 8만원
④ 10만원

> 정기검사 또는 종합검사를 받지 않은 경우 과태료
> 1) 지연기간이 30일 이내인 경우 : 4만원
> 2) 지연기간이 30일 초과 114일 이내인 경우 : 4만원에 31일째부터 계산하여 3일 초과 시마다 2만원을 더한 금액
> 3) 지연기간이 115일 이상인 경우 : 60만원

23

다음은 자동차관리법의 목적이다. ( ) 안에 들어갈 내용으로 적절하지 않은 것은?

> 자동차의 ( ) 및 자동차관리사업 등에 관한 사항을 정하여 자동차를 효율적으로 관리하고 자동차의 성능 및 안전을 확보함으로써 공공의 복리를 증진함을 목적으로 한다.

① 운행허가
② 자기인증
③ 자동차의 등록
④ 제작결함 시정

> 자동차의 등록, 안전기준, 자기인증, 제작결함 시정, 점검, 정비, 검사 및 자동차관리사업 등에 관한 사항을 정하여 자동차를 효율적으로 관리하고 자동차의 성능 및 안전을 확보함으로써 공공의 복리를 증진함을 목적으로 한다.

24

도로법상 벌칙이 가장 중한 경우인 것은?

① 허가 없이 도로공사를 시행한 자
② **고속국도를 파손하여 교통을 방해하거나 교통에 위험을 발생하게 한 자**
③ 도로보전입체구역에서 토석을 채취하는 등의 행위를 한 자
④ 자동차를 사용하지 아니하고 고속국도를 통행하거나 출입한 자

> 고속국도를 파손하여 교통을 방해하거나 교통에 위험을 발생하게 한 자나 고속국도가 아닌 도로를 파손하여 교통을 방해하거나 교통에 위험을 발생하게 한 자는 도로법상 10년 이하의 징역이나 1억원 이하의 벌금에 처한다.
> ①·③ 2년 이하의 징역이나 2천만원 이하의 벌금
> ④ 1년 이하의 징역이나 1천만원 이하의 벌금

25

대기환경보전법상 용어의 설명으로 옳지 않은 것은?

① "먼지"란 대기 중에 떠다니거나 흩날려 내려오는 입자상물질을 말한다.
② "매연"이란 연소할 때에 생기는 유리(遊離) 탄소가 주가 되는 미세한 입자상물질을 말한다.
③ **"대기오염물질"이란 연소할 때에 생기는 유리(遊離) 탄소가 응결하여 입자의 지름이 1미크론 이상이 되는 입자상물질을 말한다.**
④ "온실가스"란 적외선 복사열을 흡수하거나 다시 방출하여 온실효과를 유발하는 대기 중의 가스상태 물질로서 이산화탄소, 메탄, 아산화질소, 수소불화탄소, 과불화탄소, 육불화황을 말한다.

> "검댕"이란 연소할 때에 생기는 유리(遊離) 탄소가 응결하여 입자의 지름이 1미크론 이상이 되는 입자상물질을 말한다. 또한 "대기오염물질"이란 대기 중에 존재하는 물질 중 심사·평가 결과 대기오염의 원인으로 인정된 가스·입자상물질로 환경부령으로 정하는 것을 말한다.

2 화물취급요령

26

다음 중 운송장에 기록하여야 할 내용으로 옳은 것은?

① **운송요금**
② 화물 운송자 주소, 성명, 전화번호
③ 배송인 주소, 성명, 전화번호
④ 수입내용

> **운송장에 기록되어야 할 내용**
> 운송장 번호와 바코드/송·수하인 주소와 성명 및 전화번호/주문번호 또는 고객번호/화물명/화물의 가격/화물의 크기(중량, 사이즈)/운임의 지급방법/운송요금/발송지(집하점)/도착지(코드)/집하자/인수자 날인/특기사항/면책사항/화물의 수량

27

동일 수하인에게 다수의 화물이 배달될 때 운송장 비용을 절약하기 위하여 사용하는 운송장의 형태로 옳은 것은?

① 기본형 운송장
② **보조 운송장**
③ 스티커형 운송장
④ 배달형 운송장

> **운송장의 형태**
> 1) 기본형 운송장(포켓타입)
>   • 업체별로 디자인에 다소 차이는 있으나 기록되는 내용은 대동소이하다.
>   • 송하인용, 전산처리용, 수입관리용, 배달표용, 수하인용으로 구성된다.
> 2) 보조 운송장
>   • 동일 수하인에게 다수의 화물이 배달될 때 운송장 비용을 절약하기 위하여 사용하는 운송장이다.
>   • 간단한 기본적인 내용과 원운송장을 연결시키는 내용만 기록한다.
> 3) 스티커형 운송장
>   • 운송장 제작비와 전산 입력비용을 절약하기 위하여 기업고객과 완벽한 EDI(전자문서교환 : Electronic Data Interchange) 시스템이 구축될 수 있는 경우에 이용된다.
>   • 배달표형 스티커 운송장과 바코드 절취형 스티커 운송장이 있다.

28

다음 중 포장방법(포장기법)에 따라 분류한 포장이 아닌 것은?

① 방습포장
② 완충포장
③ **유연포장**
④ 압축포장

> 포장의 분류
> 1) 포장 재료의 특성에 따른 분류 : 유연포장/강성포장/반강성포장
> 2) 포장방법(포장기법)에 따른 분류 : 방수포장/방습포장/방청포장/완충포장/진공포장/압축포장/수축포장

29

금속, 금속제품 및 부품을 수송 또는 보관할 때 녹 발생을 막기 위한 포장방법으로 옳은 것은?

① 방습포장
② **방청포장**
③ 압축포장
④ 수축포장

> 금속, 금속제품 및 부품을 수송 또는 보관할 때 녹 발생을 막기 위하여 하는 포장방법은 방청포장이다. 방청포장 작업은 되도록 낮은 습도의 환경에서 하는 것이 바람직하다. 이때 금속제품의 연마 부분은 되도록 맨손으로 만지지 않는 것이 바람직하며, 맨손으로 만진 경우에는 지문을 제거할 필요가 있다.

30

포장이 불완전하거나 파손가능성이 높은 화물일 때 해당되는 면책사항으로 옳은 것은?

① **파손면책**
② 배달지연면책
③ 배달불능면책
④ 부패면책

> 면책사항
> 1) 포장이 불완전하거나 파손가능성이 높은 화물일 때 : 파손면책
> 2) 수하인의 전화번호가 없을 때 : 배달지연면책/배달불능면책
> 3) 식품 등 정상적으로 배달해도 부패의 가능성이 있는 화물일 때 : 부패면책

31

운송화물의 특별 품목에 대한 포장 시 유의사항으로 옳지 않은 것은?

① **손잡이가 있는 박스 물품의 경우 손잡이를 밖으로 접은 다음 테이프로 포장한다.**
② 휴대폰 및 노트북 등 고가품의 경우 내용물이 파악되지 않도록 별도의 박스로 이중 포장한다.
③ 꿀 등을 담은 병제품의 경우 가능한 플라스틱 병으로 대체하거나 병이 움직이지 않도록 포장재를 보강하여 낱개로 포장한 뒤 박스로 포장하여 집하한다.
④ 서류 등 부피가 작고 가벼운 물품의 경우 작은 박스에 넣어 포장한다.

> 손잡이가 있는 박스 물품의 경우 손잡이를 안으로 접어 사각이 되게 한 다음 테이프로 포장한다.

32

고속도로 운행이 제한되는 차량은 총중량이 몇 톤을 초과하는 차량인가?

① 10톤 초과
② 20톤 초과
③ 30톤 초과
④ **40톤 초과**

> 고속도로 운행이 제한되는 차량은 총중량이 40톤을 초과하는 차량이다.

33

차량 운행요령에 대한 설명으로 옳지 않은 것은?

① 배차지시에 따라 차량을 운행한다.
② 사고예방을 위하여 관계법규를 준수함은 물론 운전 전, 운전 중, 운전 후 점검 및 정비를 철저히 이행한다.
③ 필요한 경우에는 크레인의 인양중량을 초과하는 작업을 허용할 수 있다.
④ 미끄러지는 물품, 길이가 긴 물건, 인화성물질 운반 시 각별한 안전관리를 한다.

> 차량 운행 시 크레인의 인양중량을 초과하는 작업을 허용해서는 안 된다.

34

화물 인수·인계요령에서 고객 유의사항 확인 요구 물품이 아닌 것은?

① 중고 가전제품 및 A/S용 물품
② 기계류, 장비 등 중량 고가물로 20kg 초과 물품
③ 포장 부실물품 및 무포장 물품(비닐포장 또는 쇼핑백 등)
④ 파손 우려 물품 및 내용검사가 부적당하다고 판단되는 부적합 물품

> 화물 인수·인계 요령에서 고객 유의사항 확인 요구 물품에 해당하는 것은 기계류, 장비 등 중량 고가물로 40kg 초과 물품이다.

35

다음 중 전용 특장차의 종류로 볼 수 없는 것은?

① 덤프트럭　　② 믹서차량
③ 냉동차　　　④ 고체 수송차

> 전용 특장차의 종류
> 덤프트럭/믹서차량/벌크차량(분립체 수송차)/액체 수송차/냉동차

36

일반화물의 취급 표지 중 방사선에 의해 상태가 나빠지거나 사용할 수 없게 될 수 있는 내용물을 표시하는 것은?

① 　　②

③ 　　④

일반화물의 취급 표지

호칭	표지	내용
위 쌓기	↑↑	화물의 올바른 윗 방향을 표시
방사선 보호	☢	방사선에 의해 상태가 나빠지거나 사용할 수 없게 될 수 있는 내용물 표시
무게 중심 위치	⊕	취급되는 최소 단위 화물의 무게 중심을 표시
손수레 사용 금지	🚯	손수레를 끼우면 안 되는 면 표시

37

자동차관리법상 화물자동차 유형별 세부기준에서 화물자동차가 아닌 것은?

① 일반형　　② 덤프형
③ **견인형**　　④ 밴형

화물자동차의 유형별 세부기준		
화물자동차	일반형	보통의 화물운송용인 것
	덤프형	적재함을 원동기의 힘으로 기울여 적재물을 중력에 의하여 쉽게 미끄러뜨리는 구조의 화물운송용인 것
	밴형	지붕구조의 덮개가 있는 화물운송용인 것
	특수용도형	특정한 용도를 위하여 특수한 구조로 하거나, 기구를 장치한 것으로서 위 어느 형에도 속하지 아니하는 화물운송용인 것
특수자동차	견인형	피견인차의 견인을 전용으로 하는 구조인 것
	구난형	고장·사고 등으로 운행이 곤란한 자동차를 구난·견인할 수 있는 구조인 것
	특수용도형	위 어느 형에도 속하지 아니하는 특수용도용인 것

38

트레일러의 종류 중 주로 파이프나 H형강 등 장척물의 수송을 목적으로 하며, 적하물의 길이에 따라 거리를 조정할 수 있는 것은?

① 풀(Full) 트레일러　　② 세미(Semi) 트레일러
③ **폴(Pole) 트레일러**　　④ 돌리(Dolly)

폴(Pole) 트레일러는 기둥, 통나무 등 장척의 적하물 자체가 트랙터와 트레일러의 연결부분을 구성하는 구조의 트레일러이다. 주로 파이프나 H형강 등 장척물의 수송을 목적으로 하며, 트랙터에 턴테이블을 비치하고, 폴 트레일러를 연결해서 적재함과 턴테이블이 적재물을 고정시키는 것으로, 축 거리는 적하물의 길이에 따라 조정할 수 있다.

39

일반 지역의 경우 운송장에 인도예정일의 기재가 없을 때 인도해야 하는 일수로 옳은 것은?

① 1일
② **2일**
③ 3일
④ 4일

사업자는 운송장에 인도예정일의 기재가 없는 경우 운송장에 기재된 운송물의 수탁일로부터 인도예정 장소에 따라 일반 지역의 경우에는 2일, 도서·산간벽지는 3일의 일수에 해당하는 날 인도해야 한다.

40

이사화물 표준약관상 사업자가 약정된 이사화물의 인수일 당일에도 고객에게 계약해제를 통지하지 않은 경우의 손해배상액으로 옳은 것은?

① 계약금의 2배액
② 계약금의 4배액
③ 계약금의 6배액
④ **계약금의 10배액**

이사화물 표준약관상 사업자가 약정된 이사화물의 인수일 당일에도 고객에게 계약해제를 통지하지 않은 경우 손해배상액은 계약금의 10배액이다.

3 안전운행요령

41 ★★

교통사고의 도로요인 중 도로구조에 해당되지 않는 것은?

① 노면
② 차로 수
③ 구배
④ **신호기**

> 신호기는 도로요인 중 안전시설에 해당한다.

42 ★

교통사고의 환경요인 중 사회환경과 거리가 먼 것은?

① 일반국민 · 운전자 · 보행자 등의 교통도덕
② 정부의 교통정책
③ 교통단속과 형사처벌
④ **차량 교통량**

> 차량 교통량은 환경요인 중 교통환경에 속한다.

43 ★

시축에서 시각이 6° 벗어난 경우, 저하되는 시력의 정도로 옳은 것은?

① 약 70%
② 약 80%
③ **약 90%**
④ 약 99%

> 시축에서 시각이 3° 벗어나면 약 80%, 6° 벗어나면 약 90%, 12° 벗어나면 약 99%가 저하된다.

44 ★★

다음 중 교통사고의 요인이 아닌 것은?

① 간접적 요인
② **심리적 요인**
③ 중간적 요인
④ 직접적 요인

> 교통사고의 요인으로는 간접적 요인, 중간적 요인, 직접적 요인이 있다.

45 ★★

정지시력이 20/40인 사람이 정상시력을 가진 사람과 같은 효과를 내기 위한 방법으로 옳은 것은?

① 정상시력을 가진 사람에 비해 0.5배 큰 글자의 제시
② 정상시력을 가진 사람에 비해 1배 큰 글자의 제시
③ 정상시력을 가진 사람에 비해 1.5배 큰 글자의 제시
④ **정상시력을 가진 사람에 비해 2배 큰 글자의 제시**

> 정지시력이란 아주 밝은 상태에서 1/3인치(0.85cm) 크기의 글자를 20피트(6.10m) 거리에서 읽을 수 있는 사람의 시력을 말하며 정상시력은 20/20으로 나타낸다. 20/40이란 정상시력을 가진 사람이 40피트 거리에서 읽을 수 있는 글자를 20피트 거리에서야 읽을 수 있는 것을 의미하며, 이 사람은 정상시력을 가진 사람에 비해 2배의 큰 글자를 제시해야 같은 효과를 낼 수 있다.

46 ★

어린이가 고지식하고 자기중심적이어서 한 가지 사물에만 집착하고 두 가지 이상을 동시에 생각할 능력이 미약한 경우 해당하는 단계로 옳은 것은?

① 감각적 운동단계
② **전 조작단계**
③ 구체적 조작단계
④ 형식적 조작단계

> 고지식하고 자기중심적이어서 한 가지 사물에만 집착하고 두 가지 이상을 동시에 생각하고 행동할 능력이 미약한 단계는 전 조작단계(2세 ~ 7세)이다.

47

다음 중 교통사고를 유발하는 운전자의 특성과 가장 거리가 먼 것은?

① 안정된 생활환경
② 타고난 심신기능의 특성 부족
③ 학습에 의해서 습득한 운전에 관계되는 지식과 기능 부족
④ 바람직한 동기와 사회적 태도 결여

교통사고 운전자의 특성
1) 선천적 능력(타고난 심신기능의 특성) 부족
2) 후천적 능력(학습에 의해서 습득한 운전에 관계되는 지식과 기능) 부족
3) 바람직한 동기와 사회적 태도(운전상태에 대하여 인지, 판단, 조작하는 태도) 결여
4) 불안정한 생활환경

48

일광 또는 조명이 어두운 조건에서 밝은 조건으로 변할 때 사람의 눈이 그 상황에 적응하여 시력을 회복하는 것을 무엇이라고 하는가?

① 심경각
② 심시력
③ 암순응
④ 명순응

일광 또는 조명이 어두운 조건에서 밝은 조건으로 변할 때 사람의 눈이 그 상황에 적응하여 시력을 회복하는 것을 명순응이라고 한다.

49

습관성 음주자의 체내 알코올 농도가 정점에 도달하는 시간으로 옳은 것은?

① 음주 15분 후
② 음주 30분 후
③ 음주 1시간 후
④ 음주 2시간 후

매일 알코올을 접하는 습관성 음주자의 체내 알코올 농도가 정점에 도달하는 시간은 음주 30분 후이다.

50

유압식 브레이크의 휠 실린더나 브레이크 파이프 속에서 브레이크액이 기화하여 페달을 밟아도 스펀지를 밟는 것 같고 유압이 전달되지 않아 브레이크가 작동하지 않는 현상을 무엇이라고 하는가?

① 스탠딩 웨이브 현상
② 수막현상
③ 베이퍼 록 현상
④ 워터 페이드 현상

베이퍼 록 현상에 대한 설명이다.

51

주행 제동 시 차량의 쏠림현상에 대한 점검방법으로 옳은 것은?

① 사이드슬립 및 제동력 테스트
② 조향장치 및 파워스티어링 펌프 점검
③ 브레이크 에어 및 오일 파이프 점검
④ 턴 시그널 릴레이 점검

주행 제동 시 차량의 쏠림현상에 대한 점검방법으로는 브레이크 에어 및 오일 파이프 점검, 좌우 타이어의 공기압 점검, 좌우 브레이크 라이닝 간극 및 드럼손상 점검 등이 있다.

52

비포장도로의 울퉁불퉁한 험한 노면 상을 달릴 때 "딱각딱각"하는 소리나 "킁킁"하는 소리가 나는 원인으로 볼 수 있는 것은?

① 브레이크 라이닝 결함
② **쇼크 업소버 고장**
③ 클러치 릴리스 베어링 고장
④ 팬벨트 이완

> 비포장도로의 울퉁불퉁한 험한 노면 상을 달릴 때 "딱각딱각"하는 소리나 "킁킁"하는 소리가 나는 원인은 현가장치인 쇼크 업소버의 고장 때문이다.

53

브레이크를 반복하여 사용하면 마찰열이 라이닝에 축적되어 브레이크의 제동력이 저하되는 경우가 있는데, 이러한 현상의 명칭으로 옳은 것은?

① **페이드 현상**
② 수막현상
③ 모닝 록 현상
④ 베이퍼 록 현상

> 페이드 현상에 대한 설명이다.

54

시속 50km로 커브를 도는 차량은 시속 25km로 커브를 도는 차량보다 몇 배의 원심력을 받게 되는가?

① 2배
② **4배**
③ 8배
④ 10배

> 원심력은 속도의 제곱에 비례하여 변하므로 시속 50km로 커브를 도는 차량은 시속 25km로 커브를 도는 차량보다 4배의 원심력을 받게 된다.

55

자동차 주행 중에 핸들 조작이 용이하도록 하는 앞바퀴 정렬과 관련이 없는 것은?

① 토우인
② 캠버
③ 캐스터
④ **휠**

> 앞바퀴 정렬과 관련된 것은 토우인, 캠버, 캐스터이다.

56

브레이크가 작동하는 동안에도 핸들의 조정이 용이한 제동장치로 옳은 것은?

① 풋 브레이크
② 주차 브레이크
③ 엔진 브레이크
④ **ABS**

> ABS는 제동 시에 바퀴를 로크시키지 않음으로써 브레이크가 작동하는 동안에도 핸들의 조정이 용이하게 하고 가능한 한 최단거리로 정지시킬 수 있도록 하는 제동장치로, 방향 안정성과 조종성 확보가 가능하다.

57

롤링(Rolling)에 대한 설명으로 옳은 것은?

① 차체가 Z축 방향과 평행운동을 하는 고유 진동
② 차체가 Y축을 중심으로 회전운동을 하는 고유 진동
③ **차체가 X축을 중심으로 회전운동을 하는 고유 진동**
④ 차체가 Z축을 중심으로 회전운동을 하는 고유 진동

> 롤링(Rolling)은 차체가 X축을 중심으로 회전운동을 하는 고유 진동을 말한다.

58

다음 중 도로가 되기 위한 일반적 조건에 해당하지 않는 것은?

① 형태성 ② 이용성
③ 비공개성 ④ 교통경찰권

> 일반적으로 도로가 되기 위한 4가지 조건은 형태성, 이용성, 공개성, 교통경찰권이다.

59

중앙분리대와 교통사고와의 관련성에 대한 설명으로 옳지 않은 것은?

① 방호울타리형 중앙분리대는 중앙분리대 내에 충분한 설치 폭의 확보가 어려운 곳에서 차량의 대향차로로의 이탈을 방지하는 곳에 비중을 두고 설치하는 형이다.
② 연석형 중앙분리대는 차량과 충돌 시 차량을 본래의 주행방향으로 복원해주는 기능이 미약하다.
③ 중앙분리대의 폭이 좁을수록 횡단사고가 적고, 정면충돌사고의 비율도 낮다.
④ 중앙분리대로 설치된 방호울타리는 사고를 방지한다기보다는 사고의 유형을 변환시켜주기 때문에 효과적이다.

> 중앙분리대의 폭이 넓을수록 횡단사고가 적고, 정면충돌사고의 비율도 낮다.

60

겨울철 자동차 주행 시 안전운행 방법으로 옳지 않은 것은?

① 눈이 내린 후 차바퀴 자국이 나 있는 경우 선(앞)차량의 타이어 자국 위에 자기 차량의 타이어 바퀴를 넣고 달리면 미끄러짐을 예방할 수 있다.
② 미끄러운 오르막길에서는 앞서가는 자동차가 정상에 오르는 것을 확인한 후 올라가야 한다.
③ 주행 중 노면의 동결이 예상되는 그늘진 장소를 주의해야 한다.
④ 눈 쌓인 커브 길에서는 기어 변속을 하면서 주행해야 한다.

> 눈 쌓인 커브 길 주행 시 기어 변속을 하지 않아야 한다. 기어 변속은 차의 속도를 가감하여 주행 코스 이탈의 위험을 가져온다.

61

교차로의 황색신호는 통상 몇 초를 기본으로 운영하는가?

① 3초
② 6초
③ 8초
④ 10초

> 교차로의 황색신호는 통상 3초를 기본으로 운영한다.

62

운반 중의 고압가스 충전용기는 항상 몇 ℃ 이하로 유지하여야 하는가?

① 20℃
② 30℃
③ 40℃
④ 50℃

> 운반 중의 고압가스 충전용기는 항상 40℃ 이하를 유지하여야 한다.

63

다음 중 타이어 트레드 홈 깊이의 안전기준으로 알맞은 것은?

① 최저 1.2mm 이상
② 최저 1.4mm 이상
③ **최저 1.6mm 이상**
④ 최저 1.8mm 이상

> 타이어 트레드 홈 깊이의 안전기준은 최저 1.6mm 이상이다.

64

위험물 적재 시 운반용기와 포장외부에 표시해야 할 사항이 아닌 것은?

① **위험물의 취급방법**
② 위험물의 품목
③ 위험물의 화학명
④ 위험물의 수량

> 위험물 적재 시 운반용기와 포장외부에 표시해야 할 사항은 위험물의 품목, 위험물의 화학명, 위험물의 수량이다.

65

다음 중 봄철 자동차관리 사항에 포함되지 않는 것은?

① 월동장비 정리
② 엔진오일 점검
③ 배선상태 점검
④ **냉각장치 점검**

> 냉각장치 점검은 여름철 자동차관리 사항에 해당한다.

4 운송서비스

66

서비스 품질을 평가하는 고객의 기준 중에서 편의성에 대한 내용으로 적절하지 않은 것은?

① 곧 전화를 받는다.
② 의뢰하기가 쉽다.
③ **알기 쉽게 설명한다.**
④ 언제라도 곧 연락이 된다.

> ③은 커뮤니케이션(Communication)에 해당하는 내용이다.

67

고객응대 시 바람직한 시선에 대한 설명으로 옳지 않은 것은?

① 가급적 고객의 눈높이와 맞춘다.
② **곁눈질하거나 한곳만 응시하도록 한다.**
③ 눈동자는 항상 중앙에 위치하도록 한다.
④ 자연스럽고 부드러운 시선으로 상대를 본다.

> 고객이 싫어하는 시선에는 위로 치켜뜨는 눈, 곁눈질, 한 곳만 응시하는 눈, 위·아래로 훑어보는 눈 등이 있다.

68

교통질서의 중요성에 대한 설명으로 옳지 않은 것은?

① 자신과 타인의 생명과 재산을 보호할 수 있다.
② **능률적인 생활이 침해되지만 교통의 흐름이 원활하도록 할 수 있다.**
③ 질서가 지켜질 때 서로 편하게 생활할 수 있어 상호 조화와 화합이 이루어진다.
④ 제한된 공간에서 많은 사람들이 안전하고 자유롭게 생활하기 위해서 필요하다.

> 도로 현장에서도 운전자 스스로 질서를 지킬 때 교통사고로부터 자신과 타인의 생명과 재산을 보호할 수 있으며 교통의 흐름도 원활하게 되어 능률적인 생활을 보장받을 수 있다.

69

집하 시 고객응대예절로 적절하지 않은 것은?

① 집하는 서비스의 출발점이라는 자세로 한다.
② **3개 이상의 화물은 반드시 분리하여 집하한다.**
③ 취급제한 물품은 그 취지를 알리고 정중히 집하를 거절한다.
④ 운송장 및 보조송장 도착지란에 시, 구, 동, 군, 면 등을 정확하게 기재하여 터미널 오분류를 방지할 수 있도록 한다.

> 집하 시 2개 이상의 화물은 반드시 분리하여 집하한다(결박화물 집하금지).

70

화물운송종사자의 특성에 대한 설명으로 옳지 않은 것은?

① 주·야간의 운행으로 생활리듬이 불규칙해진다.
② 장거리 운행이 계속되면서 피로도가 상당히 높다.
③ 화물의 특수수송에 따른 운임에 대한 불안감이 있다.
④ **출고 전이라도 화물 적재와 동시에 모든 책임은 회사의 간섭을 받지 않고 운전자의 책임으로 이어진다.**

> 화물을 적재한 차량이 출고되면 모든 책임은 회사의 간섭을 받지 않고 운전자의 책임으로 이어진다.

71

물류의 변천과정을 시대순으로 바르게 나열한 것은?

① 공급망관리 → 전사적자원관리 → 경영정보시스템
② **경영정보시스템 → 전사적자원관리 → 공급망관리**
③ 경영정보시스템 → 공급망관리 → 전사적자원관리
④ 전사적자원관리 → 경영정보시스템 → 공급망관리

> 1970년대 경영정보시스템(Management Information System) 단계 → 1980~1990년대 전사적자원관리(Enterprise Resource Planning) 단계 → 1990년대 중반 이후 공급망관리(Supply Chain Management) 단계

72

운송 관련 용어에 대한 설명이 바르게 연결된 것은?

① **운수 : 행정상 또는 법률상의 운송**
② 운반 : 현상적인 시각에서의 재화의 이동
③ 교통 : 서비스 공급 측면에서의 재화의 이동
④ 운송 : 한정된 공간과 범위 내에서의 재화의 이동

> ② 교통, ③ 운송, ④ 운반에 대한 설명이다.

73

공동배송의 장점으로 옳지 않은 것은?

① 교통혼잡 완화
② 네트워크의 경제효과
③ 안정된 수송시장 확보
④ **입출하 활동의 계획화**

> 공동배송의 장점으로 수송효율 향상(적재효율, 회전율 향상), 자동차·기사의 효율적 활용, 안정된 수송시장 확보, 네트워크의 경제효과, 교통혼잡 완화, 환경오염 방지 등이 있다. 입출하 활동의 계획화는 공동수송의 장점에 해당한다.

74

수배송활동의 각 단계 중 실시 단계에서의 물류정보처리 기능으로 옳은 것은?

① 수송로트(lot) 결정
② **화물적재 지시**
③ 교착수송 분석
④ 다이어그램 시스템 설계

> ①·④ 계획 단계, ③ 통제 단계에 해당한다.

75

물류관리의 목표에 대한 설명으로 옳지 않은 것은?

① **물류시스템에 대한 투자의 최소화**
② 고객서비스 수준 향상과 물류비의 감소
③ 특정한 수준의 서비스를 최소의 비용으로 고객에게 제공
④ 비용절감과 재화의 시간적·장소적 효용가치의 창조를 통한 시장능력의 강화

> 물류시스템에 대한 투자의 최소화는 물류전략의 목표에 해당하는 내용이다.

76

주파수 공동통신(TRS)을 이용하는 경우의 이점으로 옳지 않은 것은?

① 화물추적기능
② 서류 처리의 축소
③ 정보의 실시간 처리
④ **기업통합과 가상기업의 실현 가능**

> 기업통합과 가상기업의 실현 가능은 통합판매·물류·생산시스템(CALS)의 이점에 해당한다.

77

공급망 내 관련주체 간 파트너십 또는 제휴의 형성이 제조업체, 유통업체 등의 화주와 물류서비스 제공업체 간 제휴라는 형태로 나타난 것은?

① 신속대응(QR; Quick Response)
② **제3자 물류(third-party logistics)**
③ 효율적 고객대응(ECR; Efficient Consumer Response)
④ 통합판매·물류·생산시스템(CALS; Computer Aided Logistics Support)

> 물류관리 개념의 발전단계에 비추어 볼 때, 공급망 내 관련주체 간 파트너십 또는 제휴의 형성이 제조업체와 유통업체 간 전략적 제휴라는 형태로 나타난 것이 신속대응(QR)과 효율적 고객대응(ECR)이라면, 제조업체, 유통업체 등의 화주와 물류서비스 제공업체 간 제휴라는 형태로 나타난 것이 제3자 물류이다.

78

물류고객서비스에 대한 설명으로 옳지 않은 것은?

① 물류시스템의 산출(output)
② 고객이 발주, 구매한 상품에 대한 고객만족을 높이는 수단으로 이용되는 물류서비스
③ 기존 고객의 유지 확보를 도모하고 잠재적 고객이나 신규고객의 획득을 도모하기 위한 수단
④ **장기적으로 고객수요를 만족시킬 것을 목적으로 판매 시작 시점과 재화를 수취한 시점과의 사이에 계속적인 연계성을 제공하려고 조직된 시스템**

> 물류고객서비스는 장기적으로 고객수요를 만족시킬 것을 목적으로 주문이 제시된 시점과 재화를 수취한 시점과의 사이에 계속적인 연계성을 제공하려고 조직된 시스템이라고 말할 수 있다.

79

집하 시 운송장에 정확히 기재해야 할 사항이 아닌 것은?

① 화물가격
② 송하인 전화번호
③ 수하인 전화번호
④ 정확한 화물명

정확한 화물명, 화물가격, 수하인 전화번호는 운송장에 정확하게 기재해야 한다.

80

사업용(영업용) 트럭운송의 단점으로 옳지 않은 것은?

① 기동성 부족
② 관리기능 저해
③ 비용의 고정비화
④ 시스템의 일관성 부족

비용의 고정비화는 자가용 트럭운송의 단점에 해당한다.

CHAPTER 03 | 제3회 CBT 기출복원문제

1 교통 및 화물자동차 관련 법규

01 ★

도로교통법상 차도와 보도를 구분하는 돌 등으로 이어진 선을 의미하는 용어로 옳은 것은?

① 차선
② 구분선
③ 중앙선
④ **연석선**

> 차도와 보도를 구분하는 돌 등으로 이어진 선은 연석선이라고 한다.

02 ★★

다음의 안전표지가 의미하는 것은?

① 자동차와 자전거는 08:00 ~ 20:00 통행금지
② 자동차와 이륜자동차는 08:00 ~ 20:00 통행금지
③ 자동차와 원동기장치자전거는 08:00 ~ 20:00 통행금지
④ **자동차와 이륜자동차 및 원동기장치자전거는 08:00 ~ 20:00 통행금지**

> 자동차와 이륜자동차 및 원동기장치자전거의 통행을 지정된 시간 동안 금지하는 것을 의미한다.

03 ★★

다음 (   ) 안에 들어갈 숫자를 차례대로 바르게 나열한 것은?

> 안전기준을 넘는 화물의 적재허가를 받은 사람은 그 길이 또는 폭의 양끝에 너비 (   )cm, 길이 (   )cm 이상의 빨간 헝겊으로 된 표지를 달아야 한다. 다만, 밤에 운행하는 경우에는 반사체로 된 표지를 달아야 한다.

① 20, 40
② **30, 50**
③ 40, 60
④ 50, 70

> 안전기준을 넘는 화물의 적재허가를 받은 사람은 그 길이 또는 폭의 양끝에 너비 30cm, 길이 50cm 이상의 빨간 헝겊으로 된 표지를 달아야 한다. 다만, 밤에 운행하는 경우에는 반사체로 된 표지를 달아야 한다.

04 ★★★

다음 중 최저속도 제한이 50km/h인 것은?

① 자동차전용도로
② **편도 2차로 고속도로**
③ 주거지역의 일반도로
④ 공업지역의 일반도로

> 자동차전용도로의 최저속도 제한은 30km/h이고 일반도로에서는 최저속도 제한이 없다.

05

적재중량 12톤 미만의 화물자동차를 운전하기 위해 필요한 운전면허로 알맞은 것은?

① 제1종 대형면허
② **제1종 보통면허**
③ 제2종 대형면허
④ 제2종 보통면허

> 적재중량 12톤 미만의 화물자동차, 총중량 10톤 미만의 특수자동차(구난차 등 제외)를 운전하기 위해서는 제1종 보통면허가 필요하다.

06

폭우·폭설·안개 등으로 가시거리가 100m 이내인 이상 기후일 때 운행속도로 옳은 것은?

① 최고속도의 100분의 20 줄인 속도
② 최고속도의 100분의 30 줄인 속도
③ 최고속도의 100분의 40 줄인 속도
④ **최고속도의 100분의 50 줄인 속도**

> 폭우·폭설·안개 등으로 가시거리가 100m 이내인 경우, 노면이 얼어붙은 경우, 눈이 20mm 이상 쌓인 경우에는 최고속도의 100분의 50 줄인 속도로 운행하여야 한다.

07

다음 중 일시정지해야 하는 경우는 모두 몇 개인가?

- 철길 건널목을 통과할 때
- 가파른 비탈길의 내리막
- 교차로에서 좌·우회전할 때
- 안전지대에 보행자가 있는 때

① **1개**
② 2개
③ 3개
④ 4개

> 철길 건널목을 통과할 때에는 일시정지해야 하고, 나머지는 모두 서행해야 하는 경우에 해당한다.

08

속도위반 시 벌점이 30점 부과되는 경우로 옳은 것은?

① 속도위반(20km/h 초과 40km/h 이하)
② **속도위반(40km/h 초과 60km/h 이하)**
③ 속도위반(60km/h 초과 80km/h 이하)
④ 속도위반(80km/h 초과 100km/h 이하)

> ① 15점, ③ 60점, ④ 80점

09

4톤 초과 화물자동차 운전자가 일반구역에서 60km/h를 초과하는 과속행위를 한 경우의 범칙금으로 옳은 것은?

① 6만원
② 9만원
③ 10만원
④ **13만원**

속도위반 시 범칙금

구분	일반구역		어린이보호구역 및 노인·장애인 보호구역	
	승합자동차 등 〈4톤 초과〉	승용자동차 등 〈4톤 이하〉	승합자동차 등 〈4톤 초과〉	승용자동차 등 〈4톤 이하〉
60km/h 초과	13만원	12만원	16만원	15만원
40km/h 초과 60km/h 이하	10만원	9만원	13만원	12만원
20km/h 초과 40km/h 이하	7만원	6만원	10만원	9만원
20km/h 이하	3만원	3만원	6만원	6만원

10 ★★★

동시진입 차 간 통행의 우선순위에 대한 설명으로 옳지 않은 것은?

① **좌측도로에서 진입하는 차가 우선한다.**
② 직진차가 좌회전차보다 우선한다.
③ 우회전차가 좌회전차보다 우선한다.
④ 넓은 도로에서 진입하는 차가 좁은 도로에서 진입하는 차보다 우선한다.

> 동시진입 차 간 통행의 우선순위는 우측도로에서 진입하는 차가 우선하며, 선진입차에 통행의 우선권이 있다.

11 ★★

교통사고처리특례법상 중앙선침범사고가 성립되기 위한 장소적 요건으로 옳은 것은?

① 일반도로에서의 횡단·유턴·후진 중 발생한 사고
② 중앙선이 설치되어 있지 않은 경우에 발생한 사고
③ 공사장 등에서 임시 설치물을 넘어 발생한 사고
④ **황색 실선이나 점선의 중앙선이 설치되어 있는 도로에서 발생한 사고**

> 교통사고처리특례법상 중앙선침범사고가 성립되기 위해서는 장소적으로 황색 실선이나 점선의 중앙선이 설치되어 있는 도로에서 발생하거나 자동차전용도로나 고속도로에서의 횡단·유턴·후진 중 발생한 사고여야 한다.

12 ★★

교통사고처리특례법상 앞지르기 방법·금지 위반사고에 해당하는 운전자 과실로 옳지 않은 것은?

① 우측 앞지르기
② 병진 시 앞지르기
③ **차로를 바꿔 곧바로 진행하기**
④ 실선의 중앙선침범 앞지르기

> ③은 차로변경에 해당하는 설명이다.

13 ★★

다음 중 무면허운전에 해당하지 않는 것은?

① 면허정지 기간 중에 운전하는 경우
② 시험합격 후 면허증 교부 전에 운전하는 경우
③ 임시운전증명서 유효기간이 지나고 운전 중 사고를 야기한 경우
④ **외국인으로 입국하여 6개월이 지난 국제운전면허증을 소지하고 운전하는 경우**

> 외국인으로 입국하여 1년이 지난 국제운전면허증을 소지하고 운전하는 경우 무면허운전에 해당한다.

14 ★★★

음주운전에 해당하는 혈중 알코올 농도의 기준으로 옳은 것은?

① **혈중 알코올 농도 0.03% 이상**
② 혈중 알코올 농도 0.06% 이상
③ 혈중 알코올 농도 0.1% 이상
④ 혈중 알코올 농도 0.5% 이상

> 운전이 금지되는 술에 취한 상태의 기준은 운전자의 혈중 알코올 농도가 0.03퍼센트 이상인 경우로 한다(도로교통법 제44조 제4항).

15

교통사고의 인적피해 구분에 대한 설명으로 옳지 않은 것은?

① 교통사고가 주된 원인이 되어 교통사고 발생 시부터 30일 이내에 사람이 사망한 사고를 사망사고라고 한다.
② 교통사고로 인하여 다친 사람이 의사의 최초 진단 결과 3주 이상의 치료가 필요한 상해를 입은 사고를 중상사고라고 한다.
③ **교통사고로 인하여 다친 사람이 의사의 최초 진단 결과 1주 이상 2주 미만의 치료가 필요한 상해를 입은 사고는 중경상사고라고 한다.**
④ 교통사고로 인하여 다친 사람이 의사의 최초 진단 결과 5일 이상 3주 미만의 치료가 필요한 상해를 입은 사고를 경상사고라고 한다.

> 교통사고의 인적피해는 사망사고, 중상사고, 경상사고로 구분된다 (교통안전법 시행령 별표 3의2).

16

화물자동차 운송사업 결격사유로 옳지 않은 것은?

① 피성년후견인 또는 피한정후견인
② 파산선고를 받고 복권되지 아니한 자
③ 허가기준을 충족하지 못하여 허가가 취소된 후 2년이 지나지 아니한 자
④ **화물자동차 운수사업법을 위반하여 금고 이상 형의 집행유예를 선고받고 그 유예기간 중에 있는 자**

> 화물자동차 운수사업법을 위반하여 징역 이상 형의 집행유예를 선고받고 그 유예기간 중에 있는 자는 결격사유에 해당한다.

17

다음 ( ) 안에 들어갈 기간으로 옳은 것은?

> 화물이 인도기한이 지난 후 ( ) 이내에 인도되지 아니하면 그 화물은 멸실된 것으로 본다.

① 1개월
② **3개월**
③ 6개월
④ 1년

> 화물이 인도기한이 지난 후 3개월 이내에 인도되지 아니하면 그 화물은 멸실된 것으로 본다.

18

화물자동차 운수사업법상 적재물배상보험 등의 의무가입대상으로 옳은 것은?

① **이사화물을 취급하는 운송주선사업자**
② 특수용도형 화물자동차 중 「자동차관리법」에 따른 피견인자동차
③ 「대기환경보전법」에 따른 배출가스저감장치를 차체에 부착함에 따라 총중량이 10톤 이상이 된 화물자동차 중 최대 적재량이 5톤 미만인 화물자동차
④ 건축폐기물·쓰레기 등 경제적 가치가 없는 화물을 운송하는 차량으로서 국토교통부장관이 정하여 고시하는 화물자동차

> 적재물배상보험 등의 의무가입대상
> 1) 최대 적재량이 5톤 이상이거나 총중량이 10톤 이상인 화물자동차 중 일반형·밴형 및 특수용도형 화물자동차와 견인형 특수자동차를 소유하고 있는 운송사업자
> 2) 이사화물을 취급하는 운송주선사업자
> 3) 운송가맹사업자

19

화물자동차 운수사업법상 과징금의 용도로 옳지 않은 것은?

① 운송사업자의 복리후생
② 신고포상금의 지급
③ 화물터미널의 건설과 확충
④ 화물자동차 운수사업의 발전을 위하여 필요한 사업

> **과징금의 용도**
> 1) 화물터미널의 건설과 확충
> 2) 공동차고지의 건설과 확충
> 3) 경영개선이나 그 밖에 화물에 대한 정보 제공사업 등 화물자동차 운수사업의 발전을 위하여 필요한 사업
> 4) 신고포상금의 지급

20

화물자동차 운수사업법상 화물운송자격증명을 항상 게시해야 하는 곳은?

① 운전석 앞 창의 왼쪽 위
② 운전석 앞 창의 오른쪽 위
③ 운전석 앞 창의 왼쪽 아래
④ 운전석 앞 창의 오른쪽 아래

> 운송사업자는 화물자동차 운전자에게 화물운송 종사자격증명을 화물자동차 밖에서 쉽게 볼 수 있도록 운전석 앞 창의 오른쪽 위에 항상 게시하고 운행하도록 하여야 한다.

21

자가용 화물자동차 유상운송의 금지의 예외에 해당하지 않는 것은?

① 화물자동차의 운전자가 사망·질병 또는 국외 체류 등의 사유로 화물운송을 할 수 없는 경우
② 「농어업경영체 육성 및 지원에 관한 법률」에 따라 설립된 영농조합법인이 그 사업을 위하여 화물자동차를 직접 소유·운영하는 경우
③ 천재지변이나 이에 준하는 비상사태로 인하여 수송력 공급을 긴급히 증가시킬 필요가 있는 경우
④ 사업용 화물자동차·철도 등 화물운송수단의 운행이 불가능하여 이를 일시적으로 대체하기 위한 수송력 공급이 긴급히 필요한 경우

> 자가용 화물자동차의 유상운송은 금지되므로 자가용 화물자동차의 소유자 또는 사용자는 유상(그 자동차의 운행에 필요한 경비를 포함)으로 화물운송용으로 제공·임대는 불가하다. 그러나 국토교통부령으로 정하는 사유에 해당되는 경우로서 시·도지사의 허가를 받은 경우에는 가능하다.

22

도로의 등급이 가장 높은 것은?

① 구도
② 시도
③ 군도
④ 지방도

> **도로의 종류 및 등급**
> 고속국도(고속국도의 지선 포함) → 일반국도(일반국도의 지선 포함) → 특별시도·광역시도 → 지방도 → 시도 → 군도 → 구도

23

도로법상 긴급 통행제한 기준에 대한 설명으로 옳지 않은 것은?

> 차량의 도로 진입이나 도로에 진행 중인 차량의 통행을 일시적으로 금지 또는 제한 가능한 경우

① 해당 구간에 노면 적설량이 10cm 이상인 경우
② **해당 구간에 시간당 평균 적설량이 3cm 이상인 상태가 4시간 이상 지속되는 경우**
③ 복층형 교량의 경우에 상부교량에서의 10분간 평균 풍속이 초당 20m 이상인 경우
④ 안개 등으로 인하여 시계가 10m 이하인 경우

도로법상 긴급 통행제한 기준
※ 도로법 시행령 제78조 제1항
1) 해당 구간에 노면 적설량이 10cm 이상인 경우
2) 해당 구간에 시간당 평균 적설량이 3cm 이상인 상태가 6시간 이상 지속되는 경우
3) 교량에서의 10분간 평균 풍속이 초당 25m 이상인 경우(복층형 교량의 경우에는 상부교량에서의 10분간 평균 풍속이 초당 20m 이상인 경우를 포함한다)
4) 안개 등으로 인하여 시계(視界)가 10m 이하인 경우
5) 그 밖에 천재지변 또는 차량의 다중추돌, 위험물 누출을 동반한 대형교통사고 등으로 인하여 특정 지점의 교통이 마비되어 교통의 혼잡이나 정체가 현저하게 증가하거나 차량 통행의 위험이 현저하게 증가하는 경우

24

자동차관리법의 적용이 제외되는 자동차로 옳지 않은 것은?

① 「군수품관리법」에 따른 차량
② 「건설기계관리법」에 따른 건설기계
③ 궤도 또는 공중선에 의하여 운행되는 차량
④ **원동기에 의하여 육상에서 이동할 목적으로 제작한 용구**

자동차관리법상 "자동차"란 원동기에 의하여 육상에서 이동할 목적으로 제작한 용구 또는 이에 견인되어 육상을 이동할 목적으로 제작한 용구(이하 "피견인자동차"라 한다)를 말한다.

25

대기환경보전법상 저공해자동차 또는 저공해건설기계로의 전환 또는 개조 명령, 배출가스저감장치의 부착·교체 명령을 이행하지 않은 경우의 과태료로 옳은 것은?

① 500만원 이하의 과태료
② **300만원 이하의 과태료**
③ 200만원 이하의 과태료
④ 100만원 이하의 과태료

대기환경보전법상 저공해자동차 또는 저공해건설기계로의 전환 또는 개조 명령, 배출가스저감장치의 부착·교체 명령 또는 배출가스 관련 부품의 교체 명령, 저공해엔진(혼소엔진을 포함한다)으로의 개조 또는 교체 명령을 이행하지 않은 경우에는 300만원 이하의 과태료를 부과한다.

2 화물취급요령

26

집하 담당자가 운송장에 기재하여야 하는 사항으로 옳지 않은 것은?

① 접수일자, 발송점, 도착점, 배달 예정일
② 운송료
③ 집하자 성명 및 전화번호
④ **수하인 주소, 성명 및 전화번호**

수하인 주소, 성명 및 전화번호는 송하인이 운송장에 기재하여야 하는 사항이다.

27

운송장의 기록과 운영에 대한 설명으로 옳지 않은 것은?

① 운송장 번호와 그 번호를 나타내는 바코드는 운전자가 별도로 기록해야 한다.
② 송하인의 정확한 이름과 주소뿐만 아니라 전화번호도 기록해야 한다.
③ 여러 가지 화물을 하나의 박스에 포장하는 경우에도 중요한 화물명은 기록해야 하며, 중고 화물인 경우에는 중고임을 기록해야 한다.
④ 운송요금의 지불이 선불, 착불, 신용으로 구분되므로 이를 표시할 수 있도록 해야 한다.

> 운송장 번호와 그 번호를 나타내는 바코드는 운송장을 인쇄할 때 기록되기 때문에 운전자가 별도로 기록할 필요는 없다.

28

일반화물의 취급 표지 기본 색상으로 옳은 것은?

① 적색
② 녹색
③ 황색
④ 검은색

> 일반화물의 취급 표지 기본 색상은 검은색이다. 포장의 색이 검은색 표지가 잘 보이지 않는 색이라면 흰색과 같이 적절한 대조를 이룰 수 있는 색을 부분 배경으로 사용한다.

29

상품가치를 높이기 위해 하는 포장으로, 판매 촉진 기능이 중요시되는 것은?

① 상업포장
② 공업포장
③ 방청포장
④ 유연포장

> 상업포장은 소매를 주로 하는 상거래 상품의 일부로서 또는 상품을 정리하여 취급하기 위해 시행하는 것으로, 상품가치를 높이기 위해 하는 포장이다. 판매를 촉진시키는 기능, 진열판매의 편리성, 작업의 효율성을 도모하는 기능이 중요시된다.

30

운송장 부착요령에 대한 설명으로 옳지 않은 것은?

① 운송장은 물품의 정중앙 상단에 뚜렷하게 보이도록 부착한다.
② 운송장을 화물포장 표면에 부착할 수 없는 소형, 변형화물은 박스에 넣어 수탁한 후 부착한다.
③ 기존에 사용하던 박스를 사용하는 경우 구 운송장 위에 새로운 운송장을 부착한다.
④ 취급주의 스티커의 경우 운송장 바로 우측 옆에 붙여서 눈에 띄게 한다.

> 기존에 사용하던 박스를 사용하는 경우에 구 운송장이 그대로 방치되면 물품의 오분류가 발생할 수 있으므로 반드시 구 운송장은 제거하고 새로운 운송장을 부착하여 1개의 화물에 2개의 운송장이 부착되지 않도록 해야 한다.

31

창고 내 작업 및 입·출고 작업 요령에 대한 설명으로 옳지 않은 것은?

① 창고 내에서 화물을 옮길 때 바닥의 기름기나 물기는 즉시 제거하여 미끄럼 사고를 예방한다.
② 화물더미 위로 오르고 내릴 때에는 안전한 승강시설을 이용한다.
③ 화물을 연속적으로 이동시키기 위해 컨베이어(conveyor) 위로 올라가서 작업한다.
④ 화물의 붕괴를 막기 위하여 적재규정을 준수하고 있는지 확인한다.

> 화물을 연속적으로 이동시키기 위해 컨베이어(conveyor)를 사용할 때에는 절대로 컨베이어(conveyor) 위로 올라가서는 안 된다.

32

다음 중 합리화 특장차만 나열한 것은?

① 측방 개폐차, 시스템 차량
② 덤프트럭, 믹서차량
③ 액체 수송차, 실내 하역기기 장비차
④ 냉동차, 쌓기·내리기 합리화차

> 합리화 특장차에 포함되는 것은 실내 하역기기 장비차, 측방 개폐차, 쌓기·내리기 합리화차, 시스템 차량 등이다.

33

독극물을 취급할 때 주의사항으로 옳지 않은 것은?

① 독극물을 취급 및 운반할 때에는 거칠게 다루지 않는다.
② 독극물의 적재 및 적하 작업 전에는 주차 브레이크를 사용하여 차량이 움직이지 않도록 조치해야 한다.
③ 독극물이 새거나 엎질러졌을 때에는 신속히 제거할 수 있는 안전한 조치를 준비한다.
④ 독극물이 들어 있는 용기는 마개를 완전히 열어놓아야 한다.

> 독극물이 들어 있는 용기가 쓰러지지 않도록 철저하게 고정한다. 또한 용기의 마개를 단단히 닫고 빈 용기와 확실하게 구별하여 놓는다.

34

화물 인수요령에 대한 설명으로 적합하지 않은 것은?

① 포장 및 운송장 기재 요령을 반드시 숙지하고 인수에 임한다.
② 집하 자제품목 및 집하 금지품목이라도 대량 거래처의 경우에는 인수한다.
③ 도서지역의 경우 차량이 직접 들어갈 수 없는 지역은 소비자의 양해를 얻어 운임 및 도선료는 선불로 처리한다.
④ 인수(집하)예약은 반드시 접수대장에 기재하여 누락되는 일이 없도록 한다.

> 집하 자제품목 및 집하 금지품목(화약류 및 인화물질 등 위험물)의 경우에는 그 취지를 알리고 양해를 구한 후 인수를 정중히 거절하여야 한다.

35

화물의 파손·오손사고를 방지하기 위한 요령으로 옳지 않은 것은?

① 가까운 거리 또는 가벼운 화물이라도 절대 함부로 취급하지 않는다.
② 충격에 약한 화물은 보강포장 및 특기사항을 표기해둔다.
③ 상습적으로 오손이 발생하는 화물은 안전박스에 적재하여 위험으로부터 격리한다.
④ 중량물은 상단에, 경량물은 하단에 적재한다.

> 화물의 파손·오손사고를 방지하려면 중량물은 하단에, 경량물은 상단에 적재하여야 한다.

36

일반화물의 취급 표지 중 굴려서는 안 되는 화물을 표시한 것은?

①
②
③
④

호칭	표지	내용
굴림 방지		굴려서는 안 되는 화물을 표시
지게차 취급 금지		지게차를 사용한 취급 금지
조임쇠 취급 제한		이 표지가 있는 면의 양쪽에는 클램프를 사용하면 안 된다는 표시
적재 금지		포장의 위에 다른 화물을 쌓으면 안 된다는 표시

37

이사화물의 일부 멸실 또는 훼손에 대한 사업자의 손해배상책임은 고객이 이사화물을 인도 받은 날로부터 며칠 이내에 그 사실을 사업자에게 통지하지 않으면 소멸하는가?

① 10일
② 20일
③ 30일
④ 40일

이사화물의 일부 멸실 또는 훼손에 대한 사업자의 손해배상책임은, 고객이 이사화물을 인도받은 날로부터 30일 이내에 그 일부 멸실 또는 훼손의 사실을 사업자에게 통지하지 아니하면 소멸한다.

38

도서지역에 배송되는 운송물의 운송장에 인도예정일의 기재가 없는 경우 인도해야 하는 일수로 옳은 것은?

① 수탁일로부터 1일
② 수탁일로부터 2일
③ 수탁일로부터 3일
④ 수탁일로부터 4일

사업자는 운송장에 인도예정일의 기재가 없는 경우 운송장에 기재된 운송물의 수탁일로부터 인도예정 장소에 따라 다음 일수에 해당하는 날 인도해야 한다.

일반 지역	도서, 산간벽지
2일	3일

39

택배 표준약관에 따라 운송화물 수탁을 거절할 수 있는 경우에 해당하지 않는 것은?

① 운송물 1포장의 가액이 100만원을 초과하는 경우
② 운송물이 화약류, 인화물질 등 위험한 물건인 경우
③ 운송물이 밀수품, 군수품, 부정임산물 등 위법한 물건인 경우
④ 운송물이 현금, 카드, 어음, 수표, 유가증권 등 현금화가 가능한 물건인 경우

운송물 1포장의 가액이 300만원을 초과하는 경우 운송화물 수탁을 거절할 수 있다.

40 ✦

택배 표준약관상 고객(송하인)이 운송장에 운송물의 가액을 기재하지 않은 경우 사업자의 손해배상한도액으로 옳은 것은?

① 10만원
② 30만원
③ **50만원**
④ 100만원

> 택배 표준약관의 규정에 따라 고객(송하인)이 운송장에 운송물의 가액을 기재하지 않은 경우 사업자의 손해배상한도액은 50만원이다.

---

3 안전운행요령

41 ✦✦

교통사고의 요인에 대한 설명 중 옳지 않은 것은?

① 교통사고의 4대요인은 인적요인, 차량요인, 도로요인, 환경요인이다.
② **환경요인은 운전자의 적성과 자질, 운전습관, 내적 태도 등에 관한 것이다.**
③ 도로요인은 도로구조와 안전시설 등에 관한 것이다.
④ 대부분의 교통사고는 둘 이상의 요인들이 복합적으로 작용하여 유발된다.

> 인적요인에 대한 설명이다. 환경요인은 자연, 교통, 사회, 구조 등의 환경에 관한 것이다.

42 ✦✦

운전자의 운전행동과정을 순서대로 바르게 나열한 것은?

① **인지 → 판단 → 조작**
② 판단 → 인지 → 조작
③ 조작 → 판단 → 인지
④ 인지 → 조작 → 판단

> 운전자의 운전행동과정은 '인지 → 판단 → 조작'의 순서로 이루어지며, 이 중 한 가지 과정이라도 잘못되면 교통사고로 이어질 수 있으므로 주의하여야 한다.

43 ✦✦✦

운전과 관련한 시야에 대한 설명으로 옳지 않은 것은?

① 정지한 상태에서 정상적인 시력을 가진 사람의 시야 범위는 180°~200°이다.
② 시야의 범위는 자동차의 속도에 반비례하여 좁아진다.
③ 차의 속도가 빨라질수록 시야의 범위는 좁아진다.
④ **차의 속도가 빨라질수록 가까운 곳의 풍경은 더욱 선명해진다.**

> 차의 속도가 빨라질수록 가까운 곳의 풍경은 더욱 흐려진다.

44 ✦

야간시력과 주시대상의 관계에서 무엇인가가 사람이라는 것을 확인하기 가장 좋은 옷 색깔인 것은?

① 흰색
② 흑색
③ **적색**
④ 엷은 황색

> 야간시력과 주시대상의 관계에 있어 무엇인가가 사람이라는 것을 확인하기 가장 좋은 옷 색깔은 적색, 흰색의 순이며 흑색이 가장 어렵다.

45

여성과 남성은 음주 후 체내 알코올 농도가 정점에 도달하는 시간이 다르다. 이에 대한 설명으로 옳은 것은?

① 여성은 음주 15분 후, 남성은 30분 후에 정점에 도달한다.
② **여성은 음주 30분 후, 남성은 60분 후에 정점에 도달한다.**
③ 여성은 음주 60분 후, 남성은 30분 후에 정점에 도달한다.
④ 여성은 음주 60분 후, 남성은 90분 후에 정점에 도달한다.

> 여성은 음주 30분 후, 남성은 60분 후에 체내 알코올 농도가 정점에 도달한다.

46

횡단보도를 두고도 횡단보도가 아닌 곳으로 횡단하는 보행자의 심리상태로 적절하지 않은 것은?

① **횡단보도로 건너면 거리가 너무 가깝기 때문이다.**
② 평소 교통질서를 잘 지키지 않는 습관을 그대로 답습한다.
③ 자동차가 달려오지만 충분히 건널 수 있다고 판단한다.
④ 술에 취해 있다.

> 횡단보도로 건너면 거리가 멀고 시간이 더 걸리기 때문이다.

47

피로에 의한 운전착오에 대한 설명 중 옳지 않은 것은?

① 운전업무 개시 직후 및 종료 직전에 많아진다.
② **심야보다 낮에 더 많이 발생한다.**
③ 운전 피로에 정서적 부조나 신체적 부조가 가중되면 조잡하고 난폭하며 방만한 운전을 하게 된다.
④ 피로가 쌓이면 졸음상태가 되어 차외, 차내의 정보를 효과적으로 입수하지 못한다.

> 피로에 의한 운전착오는 심야에서 새벽 사이에 가장 많이 발생한다.

48

고령 보행자의 보행행동 특성에 대한 설명으로 옳지 않은 것은?

① 뒤에서 오는 차의 접근에도 주의를 기울이지 않거나 경음기를 울려도 반응을 보이지 않는 경향이 있다.
② 이면도로 등에서 도로의 노면표시가 없으면 도로 중앙부를 걷는 경향이 있다.
③ 보행 시 상점이나 포스터를 보면서 걷는 경향이 있다.
④ **소리가 나는 방향을 정확하게 주시하며 걷는 경향이 있다.**

> 고령 보행자는 소리 나는 방향을 주시하지 않는 편이다.

49

정지시력에 대한 설명으로 옳은 것은?

① 아주 밝은 상태에서 0.55cm 크기의 글자를 6.10m 거리에서 읽을 수 있는 사람의 시력
② 아주 밝은 상태에서 0.55cm 크기의 글자를 7.50m 거리에서 읽을 수 있는 사람의 시력
③ **아주 밝은 상태에서 0.85cm 크기의 글자를 6.10m 거리에서 읽을 수 있는 사람의 시력**
④ 아주 밝은 상태에서 0.85cm 크기의 글자를 7.50m 거리에서 읽을 수 있는 사람의 시력

> 정지시력이란 아주 밝은 상태에서 1/3인치(0.85cm) 크기의 글자를 20피트(6.10m) 거리에서 읽을 수 있는 사람의 시력을 말한다.

50 ★★

제1종 운전면허취득에 필요한 시력기준으로 옳은 것은?

① 두 눈을 동시에 뜨고 잰 시력이 0.7 이상, 두 눈의 시력이 각각 0.5 이상일 것
② **두 눈을 동시에 뜨고 잰 시력이 0.8 이상, 두 눈의 시력이 각각 0.5 이상일 것**
③ 두 눈을 동시에 뜨고 잰 시력이 0.5 이상일 것
④ 두 눈을 동시에 뜨고 잰 시력이 0.7 이상일 것

> 제1종 운전면허취득에 필요한 시력은 두 눈을 동시에 뜨고 잰 시력이 0.8 이상, 두 눈의 시력이 각각 0.5 이상이어야 한다.

51 ★★★

스탠딩 웨이브 현상을 예방하기 위한 방법으로 적절한 것은?

① 속도와 공기압을 모두 높인다.
② 속도를 높이고, 공기압을 낮춘다.
③ **속도를 맞추고, 공기압을 높인다.**
④ 속도와 공기압을 모두 낮춘다.

> 스탠딩 웨이브 현상을 예방하려면 속도를 맞추고, 공기압을 높여야 한다.

52 ★

내륜차와 외륜차에 대한 설명으로 옳지 않은 것은?

① **핸들을 조작했을 때 앞바퀴의 안쪽과 뒷바퀴의 안쪽과의 차이를 외륜차라 한다.**
② 대형차일수록 내륜차와 외륜차는 크다.
③ 자동차가 전진 중 회전할 경우에는 내륜차에 의한 교통사고의 위험이 있다.
④ 자동차가 후진 중 회전할 경우에는 외륜차에 의한 교통사고의 위험이 있다.

> 핸들을 조작했을 때 앞바퀴의 안쪽과 뒷바퀴의 안쪽과의 차이를 내륜차라 한다.

53 ★★★

다음 중 타이어의 마모에 영향을 주는 요소가 아닌 것은?

① 공기압
② 하중
③ **습도**
④ 속도

> 타이어의 마모에 영향을 주는 요소
> 공기압/하중/속도/커브/브레이크/노면상태

54 ★

오감에 의한 자동차 점검방법이 아닌 것은?

① 촉각에 의한 점검
② 후각에 의한 점검
③ 시각에 의한 점검
④ **직감에 의한 점검**

> 오감에 의한 자동차 점검방법에는 시각, 청각, 후각, 촉각에 의한 점검방법이 있다.

55 ★

엔진의 시동이 꺼지고, 재시동이 불가능한 상황인 경우의 점검방법으로 적절하지 않은 것은?

① 연료량 확인
② 연료파이프 누유 및 공기유입 확인
③ 연료탱크 내 이물질 혼입 여부 확인
④ **에어 클리너 오염 상태 확인**

> 에어 클리너 오염 상태 확인은 엔진 출력이 감소되며 매연(흑색)이 과다 발생될 때의 점검방법이다.

56

자동차의 일상점검 중 동력전달장치의 점검에 해당하지 않는 것은?

① 클러치 페달의 유격 상태 확인
② 변속기 조작상태와 오일 누출 여부 확인
③ 추진축 연결부의 헐거움이나 이음 여부 확인
④ **조향축의 흔들림이나 손상 확인**

> 조향축의 흔들림이나 손상 확인은 조향장치의 점검에 해당한다.

57

비가 자주 오거나 습도가 높은 날 차량을 오랜 시간 주차한 후 브레이크 드럼에 미세한 녹이 발생하는 현상을 무엇이라고 하는가?

① 수막현상
② 스탠딩 웨이브 현상
③ **모닝 록 현상**
④ 워터 페이드 현상

> 비가 자주 오거나 습도가 높은 날 차량을 오랜 시간 주차한 후 브레이크 드럼에 미세한 녹이 발생하는 현상을 모닝 록이라 한다.

58

교량과 교통사고와의 관련성에 대한 설명으로 옳지 않은 것은?

① 교량의 폭, 교량 접근부 등은 교통사고와 밀접한 관계에 있다.
② **교량의 접근로 폭에 비해 교량의 폭이 넓을수록 사고가 더 많이 발생한다.**
③ 교량의 접근로 폭과 교량의 폭이 같을 때 사고율이 가장 낮다.
④ 교량의 접근로 폭과 교량의 폭이 서로 다른 경우에 안전표지, 시선유도표지 등을 설치함으로써 사고율을 감소시킬 수 있다.

> 교량의 접근로 폭에 비해 교량의 폭이 좁을수록 사고가 더 많이 발생한다.

59

차도를 통행의 방향에 따라 분리하거나 성질이 다른 같은 방향의 교통을 분리하기 위하여 설치하는 도로의 부분이나 시설물의 명칭으로 옳은 것은?

① 측대
② **분리대**
③ 길어깨
④ 노상시설

> 차도를 통행의 방향에 따라 분리하거나 성질이 다른 같은 방향의 교통을 분리하기 위하여 설치하는 도로의 부분이나 시설물을 분리대라 한다.

60

고압가스 충전용기를 적재한 차량이 주·정차하려고 할 때 제1종 보호시설에서 몇 m 떨어진 곳에 주·정차하여야 하는가?

① 5m 이상
② 10m 이상
③ **15m 이상**
④ 20m 이상

> 고압가스 충전용기를 적재한 차량은 제1종 보호시설에서 15m 이상 떨어진 곳에 주·정차하여야 한다.

61

겨울철 자동차 출발 시 안전운행 방법으로 적절하지 않은 것은?

① 도로가 미끄러울 때에는 급하거나 갑작스러운 동작을 하지 말고 천천히 부드럽게 출발한다.
② 승용차의 경우 도로가 미끄러울 때에는 평상시처럼 1단 기어로 출발하는 것이 좋다.
③ 미끄러운 길에서 핸들이 꺾여 있으면 바퀴가 헛도는 결과를 초래하므로 앞바퀴를 직진 상태로 놓고 출발해야 한다.
④ 눈이 쌓인 미끄러운 오르막길에서는 주차 브레이크를 절반쯤 당겨 서서히 출발하며, 출발한 후에는 주차 브레이크를 완전히 푼다.

> 승용차의 경우 평상시에는 1단 기어로 출발하는 것이 정상이지만, 미끄러운 길에서는 기어를 2단에 넣고 반클러치를 사용하는 것이 효과적이다.

62

고압가스 충전용기를 차량에 적재할 때의 주의사항으로 알맞지 않은 것은?

① 밸브가 돌출한 충전용기는 고정식 프로텍터 또는 캡을 부착한 후 차량에 실어야 한다.
② 충전용기와 위험물 안전관리법이 정하는 위험물은 동일 차량에 적재하여 운반해야 한다.
③ 충격을 최소화하기 위하여 완충판을 차량 등에 갖추고 이를 사용한다.
④ 가연성 가스와 산소를 동일 차량에 적재하여 운반하는 때에는 그 충전용기의 밸브가 서로 마주보지 않게 적재해야 한다.

> 고압가스 충전용기와 위험물 안전관리법이 정하는 위험물은 동일 차량에 적재하여 운반하지 않는다.

63

커브길에서의 핸들 조작 요령으로 옳은 것은?

① 슬로우 인(Slow-in), 패스트 아웃(Fast-out)
② 슬로우 인(Slow-in), 슬로우 아웃(Slow-out)
③ 패스트 인(Fast-in), 패스트 아웃(Fast-out)
④ 패스트 인(Fast-in), 슬로우 아웃(Slow-out)

> 커브길에서의 핸들 조작은 슬로우 인(Slow-in), 패스트 아웃(Fast-out) 원리에 입각하여 커브 진입직전에 핸들 조작이 자유로울 정도로 속도를 감속하고, 커브가 끝나는 조금 앞에서 핸들을 조작하여 차량의 방향을 안정되게 유지한 후, 속도를 증가(가속)하여 신속하게 통과할 수 있도록 해야 한다.

64

고속도로에서 차로 변경 시 최소한 몇 m 전방으로부터 방향지시등을 켜야 하는가?

① 50m
② 100m
③ 200m
④ 300m

> 고속도로에서 차로 변경 시 최소한 100m 전방으로부터 방향지시등을 켜야 한다.

65

내리막길 안전운전 및 방어운전의 요령에 대한 설명으로 적절하지 않은 것은?

① 내리막길을 내려가기 전에는 미리 감속하여 천천히 내려가도록 한다.
② 엔진 브레이크를 사용하면 페이드 현상을 예방하여 운행 안전도를 더욱 높일 수 있다.
③ 도로의 오르막길 경사와 내리막길 경사가 같거나 비슷한 경우, 변속기 기어의 단수도 오르막과 내리막을 동일하게 사용하는 것이 적절하다.
④ **커브 주행 시와는 다르게 중간에 속도를 줄이거나 급제동하여도 무방하다.**

> 내리막길에서도 커브 주행 시와 마찬가지로 중간에 불필요하게 속도를 줄인다든지 급제동하여서는 안 된다.

4 운송서비스

66

고객만족을 위한 서비스 품질의 분류로 옳지 않은 것은?

① 상품 품질
② 영업 품질
③ **평가 품질**
④ 서비스 품질

> 고객만족을 위한 서비스 품질의 분류는 상품 품질, 영업 품질, 서비스 품질이 있다.

67

다음 중 고객서비스의 특성이 아닌 것은?

① 무형성
② 동시성
③ **동질성**
④ 소멸성

> 고객서비스의 특성은 무형성, 동시성, 이질성, 소멸성, 무소유권이다.

68

고객과 대화 시 유의사항으로 옳지 않은 것은?

① 독선적, 독단적, 경솔한 언행을 삼간다.
② 매사 침묵으로 일관하지 않는다.
③ 쉽게 흥분하거나 감정에 치우치지 않는다.
④ **적극적으로 대화하면서 논쟁은 피하지 않는다.**

> 고객과 대화할 때에는 도전적 언사는 가급적 자제하며 불가피한 경우를 제외하고는 논쟁을 피하는 것이 바람직하다.

69

고객응대 시 올바른 악수예절이 아닌 것은?

① 손은 반드시 오른손을 내민다.
② **웃는 얼굴로 계속 손을 잡은 채로 말한다.**
③ 상대와 적당한 거리에서 손을 잡는다.
④ 손을 너무 세게 쥐거나 또는 힘없이 잡지 않는다.

> 고객과 악수할 때에는 계속 손을 잡은 채로 말하지 않으며 손을 너무 세게 쥐거나 또는 힘없이 잡지 않는다.

70

흡연예절에 대한 설명으로 옳지 않은 것은?

① 담배꽁초는 반드시 재떨이에 버린다.
② **흡연은 가급적 보행 중 또는 운행 중 차내에서 한다.**
③ 혼잡한 식당 등 공공장소 등에서는 흡연을 삼가야 한다.
④ 담배꽁초는 자동차 밖으로 버리거나 손가락으로 튕겨 버리지 않는다.

> 운행 중 차내에서, 보행 중, 재떨이가 없는 응접실, 혼잡한 식당 등 공공장소, 사무실 내에서 다른 사람이 담배를 안 피울 때, 회의장 등에서는 흡연을 삼가야 한다.

71

기업물류의 활동 중에서 주활동에 속하지 않는 것은?

① 정보관리
② 재고관리
③ 주문처리
④ 대고객서비스 수준

기업물류의 활동	
주활동	대고객서비스 수준/수송/재고관리/주문처리
지원 활동	보관/자재관리/구매/포장/생산량과 생산일정 조정/정보관리

72

운송 합리화 방안 중 다음 설명과 관계 깊은 것은?

- 출하물량 단위의 대형화와 표준화가 필요하다.
- 트럭의 적재율과 실차율의 향상을 위하여 기준 적재중량, 용적, 적재함의 규격을 감안하여 최대허용치에 접근시키며, 적재율 향상을 위해 제품의 규격화나 적재품목의 혼재를 고려해야 한다.

① 공동 수배송
② 실차율 향상을 위한 공차율의 최소화
③ 적기 운송과 운송비 부담의 완화
④ 최단 운송경로의 개발 및 최적 운송수단의 선택

적기에 운송하기 위해서는 운송계획이 필요하며 판매계획에 따라 일정량을 정기적으로 고정된 경로를 따라 운송하고 가능하면 공장과 물류거점 간 간선운송이나 선적지까지 공장에서 직송하는 것이 효율적이다.

73

물류의 기능 중에서 시간적 효용의 창출과 관계 깊은 것은?

① 운송기능
② 포장기능
③ 보관기능
④ 하역기능

운송기능은 상품의 장소적(공간적) 효용을 창출하는 것이고, 보관기능은 시간적 효용을 창출하는 것이다.

74

선박·철도와 비교할 때 화물자동차 운송의 특징으로 거리가 먼 것은?

① 대량의 운송단위
② 다양한 고객요구 수용
③ 신속하고 정확한 문전운송
④ 원활한 기동성과 신속한 수배송

선박 및 철도와 비교할 때 화물자동차 운송은 운송단위가 소량이다.

75

물류아웃소싱과 비교할 때 제3자 물류에 대한 설명으로 옳지 않은 것은?

① 화주와의 관계 : 계약기반, 전략적 제휴
② 도입방법 : 경쟁계약
③ 서비스 범위 : 통합물류서비스
④ 도입결정권한 : 중간관리자

도입결정권한은 제3자 물류의 경우에는 최고경영층에게 있고, 물류아웃소싱의 경우에는 중간관리자에게 있다.

76

물류서비스의 발전단계를 순서대로 바르게 나열한 것은?

① 물류 → 로지스틱스(Logistics) → 공급망관리(SCM)
② 로지스틱스(Logistics) → 공급망관리(SCM) → 물류
③ 로지스틱스(Logistics) → 물류 → 공급망관리(SCM)
④ 공급망관리(SCM) → 물류 → 로지스틱스(Logistics)

물류서비스는 '물류 → 로지스틱스(Logistics) → 공급망관리(SCM)'의 순서로 발전하였다.

77

신 물류서비스 기법 중에서 대고객에 대한 정확한 도착시간 통보가 가능해지고 분실화물의 추적과 책임자 파악이 용이한 것은?

① 주파수 공용통신(TRS)
② 전사적 품질관리(TQC)
③ 범지구측위시스템(GPS)
④ 통합판매·물류·생산시스템(CALS)

> 주파수 공용통신(TRS)을 통해 고장자동차에 대응한 자동차 재배치나 지연사유 분석이 가능해진다. 또한 데이터통신에 의한 실시간 처리가 가능해져 관리업무가 축소되며, 대고객에 대한 정확한 도착시간 통보가 가능해지고 분실화물의 추적과 책임자 파악이 용이하게 된다.

78

방문 집하 시 주의할 사항으로 옳지 않은 것은?

① 방문 약속시간을 준수한다.
② 기업화물 집하 시 재촉하지 말고 준비가 완료될 때까지 운전석에서 대기한다.
③ 운송장 기록 시 정확하게 기재하지 않으면 오도착이 되거나 배달불가 등의 문제가 발생할 수 있다.
④ 화물종류에 따른 포장의 안전성을 판단하여 안전하지 못할 경우에는 보완 요구 또는 귀점 후 보완하여 발송한다.

> 기업화물 집하 시 화물이 준비되지 않았다고 운전석에 앉아있거나 빈둥거리지 말고 작업을 도와주어야 한다.

79

택배화물의 배달방법과 관련하여 개인고객과 전화를 할 때 주의할 점으로 옳지 않은 것은?

① 반드시 미리 전화를 하고 배달할 의무가 있다.
② 본인이 아닌 경우 화물명을 말하지 않아야 할 경우가 있다.
③ 전화하면 수취거부로 반품율이 높은 품목이 있음을 주의한다.
④ 위치 파악, 방문예정시간 통보, 착불요금 준비를 위해 방문예정 시간은 2시간 정도 여유를 갖고 약속한다.

> 배달 시 반드시 전화를 한 후에 배달할 의무는 없다.

80

트럭운송의 전망을 밝게 하기 위한 노력으로 적절하지 않은 것은?

① 트럭터미널의 단일화
② 컨테이너 및 파렛트 수송의 강화
③ 트레일러 수송과 도킹시스템화
④ 바퀴 태우기 수송과 이어타기 수송

> 트럭운송 미래를 위한 노력
> 1) 고효율화, 왕복실차율을 높이기 위한 효율적인 운송시스템의 확립
> 2) 트레일러 수송과 도킹시스템화
> 3) 바퀴 태우기 수송과 이어타기 수송
> 4) 컨테이너 및 파렛트 수송의 강화
> 5) 집배 수송용자동차의 개발 및 이용
> 6) 트럭터미널의 복합화와 시스템화

CHAPTER 04 | 제4회 CBT 기출복원문제

1 교통 및 화물자동차 관련 법규

01
도로교통법의 제정목적으로 가장 적절한 것은?

① 도로를 쾌적하게 관리하고 보행자의 안전한 통행의 확보
② 원활한 교통정리를 통한 운전자들의 편안한 주행의 보장
③ **교통상의 모든 위험과 장해를 방지하고 제거하여 안전하고 원활한 교통을 확보**
④ 국민이 안전하고 편리하게 이용할 수 있는 도로의 건설과 공공복리의 향상에 이바지

> 도로교통법은 도로에서 일어나는 교통상의 모든 위험과 장해를 방지하고 제거하여 안전하고 원활한 교통을 확보함을 목적으로 한다.

02
도로교통법상 용어의 정의로 옳지 않은 것은?

① 차선 : 차로와 차로를 구분하기 위하여 그 경계지점을 안전표지로 표시한 선
② **차로 : 도로를 횡단하는 보행자나 통행하는 차마의 안전을 위하여 안전표지나 이와 비슷한 인공구조물로 표시한 도로의 부분**
③ 길가장자리구역 : 보도와 차도가 구분되지 아니한 도로에서 보행자의 안전을 확보하기 위하여 안전표지 등으로 경계를 표시한 도로의 가장자리 부분
④ 차도 : 연석선, 안전표지 또는 그와 비슷한 인공구조물을 이용하여 경계를 표시하여 모든 차가 통행할 수 있도록 설치된 도로의 부분

> 차로는 차마가 한 줄로 도로의 정하여진 부분을 통행하도록 차선으로 구분한 차도의 부분을 말한다. 도로를 횡단하는 보행자나 통행하는 차마의 안전을 위하여 안전표지나 이와 비슷한 인공구조물로 표시한 도로의 부분은 안전지대라고 한다.

03
주차에 대한 설명으로 옳은 것은?

① 운전자가 5분을 초과하지 아니하고 차를 정지시키는 것으로서 주차 외의 정지 상태
② 차의 운전자가 앞서가는 다른 차의 옆을 지나서 그 차의 앞으로 나가는 것
③ **운전자가 승객을 기다리거나 화물을 싣거나 차가 고장나거나 그 밖의 사유로 차를 계속 정지 상태에 두는 것**
④ 차 또는 노면전차의 운전자가 그 차 또는 노면전차의 바퀴를 일시적으로 완전히 정지시키는 것

> ① 정차, ② 앞지르기, ④ 일시정지

04
중앙선에 대한 설명으로 옳은 것은?

① 차로와 차로를 구분하기 위하여 그 경계지점을 안전표지로 표시한 선
② **차마의 통행 방향을 명확하게 구분하기 위하여 도로에 황색 실선(實線)이나 황색 점선 등의 안전표지로 표시한 선**
③ 차마가 한 줄로 도로의 정하여진 부분을 통행하도록 차선(車線)으로 구분한 차도의 부분
④ 보행자가 도로를 횡단할 수 있도록 안전표지로 표시한 도로의 부분

> ① 차선, ③ 차로, ④ 횡단보도

05

철길이나 가설된 선을 이용하지 아니하고 원동기를 사용하여 운전되는 차는 무엇인가?

① 자전거
② **자동차**
③ 노면전차
④ 개인형 이동장치

> 자동차는 철길이나 가설된 선을 이용하지 아니하고 원동기를 사용하여 운전되는 차(견인되는 자동차도 자동차의 일부로 봄)를 말한다.

06

차량신호등에서 황색의 등화가 의미하는 것은?

① 차마는 직진 또는 우회전할 수 있다.
② 차마는 정지선, 횡단보도 및 교차로의 직전에서 정지해야 한다.
③ **차마는 우회전할 수 있고 우회전하는 경우에 보행자의 횡단을 방해하지 못한다.**
④ 비보호좌회전표지 또는 비보호좌회전표시가 있는 곳에서 좌회전 할 수 있다.

> ①·④ 녹색의 등화일 경우, ②는 적색의 등화일 경우 신호의 의미이다.

07

다음 안전표지가 의미하는 것은?

① 2방향통행
② 편도 2차로터널
③ 연속 과속방지턱
④ **노면이 고르지 못함**

> 노면이 고르지 못하다는 의미의 주의표지에 해당한다.

08

도로의 중앙이나 좌측 부분을 통행할 수 있는 경우로 옳은 것은?

① **도로가 일방통행인 경우**
② 도로의 좌측 부분을 확인할 수 없는 경우
③ 반대 방향의 교통을 방해할 우려가 있는 경우
④ 안전표지 등으로 앞지르기를 금지하거나 제한하고 있는 경우

> ②·③·④ 도로의 중앙이나 좌측 부분을 통행할 수 없는 경우에 해당한다.

09

고속도로 외의 도로에서 왼쪽 차로로 통행할 수 있는 차종으로 옳은 것은?

① **승용자동차**
② 화물자동차
③ 특수자동차
④ 대형 승합자동차

> 고속도로 외의 도로에서 왼쪽 차로로 통행할 수 있는 차종에는 승용자동차 및 경형·소형·중형 승합자동차가 있다.

10

일반도로에서 자동차의 속도에 대한 설명으로 옳은 것은?

① 주거지역 일반도로에서 최고속도에는 제한이 없다.
② **상업지역 일반도로에서 최저속도에는 제한이 없다.**
③ 공업지역 일반도로에서 최고속도 제한은 80km/h 이내이다.
④ 주거지역·상업지역 및 공업지역의 일반도로에서 시·도경찰청장이 지정한 노선 또는 구간의 경우 80km/h 이내의 최고속도 제한이 있다.

> 주거지역·상업지역 및 공업지역의 일반도로에서 최저속도에는 제한이 없다.
>
> | 도로 구분 | | 최고속도 | 최저속도 |
> |---|---|---|---|
> | 일반도로 | 주거지역·상업지역 및 공업지역의 일반도로 | • 50km/h 이내
• 단, 시·도경찰청장이 지정한 노선 또는 구간 60km/h 이내 | 제한없음 |
> | | 그 외 일반도로 | • 60km/h 이내
• 단, 편도 2차로 이상의 도로에서는 80km/h 이내 | |

11

제1종 보통면허로 운전할 수 있는 차량이 아닌 것은?

① 승용자동차
② **적재중량 12톤 이하의 화물자동차**
③ 승차정원 15명 이하의 승합자동차
④ 총중량 10톤 미만의 특수자동차(구난차 등은 제외한다)

> 적재중량 12톤 미만의 화물자동차는 제1종 보통면허로 운전할 수 있다.

12

인적피해 교통사고 결과에 따른 벌점기준이 바르게 연결된 것은?

① 사망 1명마다 - 80점
② 중상 1명마다 - 30점
③ 경상 1명마다 - 10점
④ **부상신고 1명마다 - 2점**

> 인적피해 교통사고 결과에 따른 벌점기준
>
> | 구분 | 벌점 | 내용 |
> |---|---|---|
> | 사망 1명마다 | 90 | 사고발생 시부터 72시간 이내에 사망한 때 |
> | 중상 1명마다 | 15 | 3주 이상의 치료를 요하는 의사의 진단이 있는 사고 |
> | 경상 1명마다 | 5 | 3주 미만 5일 이상의 치료를 요하는 의사의 진단이 있는 사고 |
> | 부상신고 1명마다 | 2 | 5일 미만의 치료를 요하는 의사의 진단이 있는 사고 |

13

교통사고처리특례법의 특례 적용이 배제되는 경우가 아닌 것은?

① 중앙선침범
② 무면허운전사고
③ **속도위반(10km/h 초과) 과속사고**
④ 승객추락 방지의무 위반사고

> 교통사고처리특례법의 특례 적용이 배제되는 경우에 해당하는 것은 속도위반(20km/h 초과) 과속사고이다.

14

교통사고처리특례법상 도주사고에 해당하는 경우가 아닌 것은?

① 사상 사실을 인식하고도 가버린 경우
② 피해자를 방치한 채 사고현장을 이탈 도주한 경우
③ 부상피해자에 대한 적극적인 구호조치 없이 가버린 경우
④ **피해자가 부상 사실이 없거나 극히 경미하여 구호조치가 필요치 않는 경우**

피해자가 부상 사실이 없거나 극히 경미하여 구호조치가 필요치 않는 경우, 교통사고 가해운전자가 심한 부상을 입어 타인에게 의뢰하여 피해자를 후송 조치한 경우 등은 도주사고에 해당하지 않는다.

15

교통사고처리특례법상 중앙선침범이 적용되는 사고가 아닌 것은?

① 의도적인 중앙선침범 사고
② **중앙선 도색이 마모되었을 때 중앙부분을 넘어서 발생한 사고**
③ 고속도로에서 횡단, U턴 또는 후진 중 발생한 사고
④ 커브길 과속운행으로 발생한 사고

중앙선 도색이 마모되었을 때 중앙부분을 넘어서 난 사고는 중앙선침범이 성립되지 않는 사고에 해당한다.

16

도주차량 운전자가 피해자를 구호하는 등의 조치를 하지 아니하고 도주하여 피해자가 사망한 경우의 처벌로 옳은 것은?

① **무기 또는 5년 이상의 징역**
② 사형, 무기 또는 5년 이상의 징역
③ 1년 이상의 유기징역 또는 1천만원 이하의 벌금
④ 3년 이상의 유기징역 또는 3천만원 이하의 벌금

도주차량 운전자의 가중처벌
1) 피해자를 구호하는 등의 조치를 하지 아니하고 도주한 경우
   - 피해자가 사망한 경우 : 무기 또는 5년 이상의 징역
   - 피해자가 상해를 입은 경우 : 1년 이상 유기징역 또는 500만원 이상 3천만원 이하의 벌금
2) 피해자를 사고 장소로부터 옮겨 유기하고 도주한 경우
   - 피해자가 사망한 경우 : 사형, 무기 또는 5년 이상의 징역
   - 피해자가 상해를 입은 경우 : 3년 이상의 유기징역

17

지붕구조의 덮개가 있는 화물운송용인 화물자동차는 무엇인가?

① **밴형**
② 덤프형
③ 일반형
④ 특수용도형

화물자동차의 유형별 세부기준 중에서 밴형에 대한 설명이다.

18

화물자동차의 규모별 세부기준에서 대형 화물자동차의 최대 적재량과 총중량이 바르게 연결된 것은?

	최대 적재량	총중량
①	2.5톤 이상 -	5톤 이상
②	3톤 이상 -	7톤 이상
③	3.5톤 이상 -	10톤 이상
④	**5톤 이상** -	**10톤 이상**

화물자동차의 규모별 세부기준			
화물자동차	경형	초소형	배기량이 250시시(전기자동차의 경우 최고출력이 15킬로와트) 이하이고, 길이 3.6미터·너비 1.5미터·높이 2.0미터 이하인 것
		일반형	배기량이 1,000시시(전기자동차의 경우 최고출력이 80킬로와트) 미만이고, 길이 3.6미터·너비 1.6미터·높이 2.0미터 이하인 것
	소형		최대적재량이 1톤 이하이고, 총중량이 3.5톤 이하인 것
	중형		최대적재량이 1톤 초과 5톤 미만이거나, 총중량이 3.5톤 초과 10톤 미만인 것
	대형		최대적재량이 5톤 이상이거나, 총중량이 10톤 이상인 것
특수자동차	경형	초소형	배기량이 250시시(전기자동차의 경우 최고출력이 15킬로와트) 이하이고, 길이 3.6미터·너비 1.5미터·높이 2.0미터 이하인 것
		일반형	배기량이 1,000시시(전기자동차의 경우 최고출력이 80킬로와트) 미만이고, 길이 3.6미터·너비 1.6미터·높이 2.0미터 이하인 것
	소형		총중량이 3.5톤 이하인 것
	중형		총중량이 3.5톤 초과 10톤 미만인 것
	대형		총중량이 10톤 이상인 것

19

다음에서 설명하는 화물자동차 운수사업의 종류로 옳은 것은?

> 다른 사람의 요구에 응하여 유상으로 화물운송계약을 중개·대리하거나 화물자동차 운송사업 또는 화물자동차 운송가맹사업을 경영하는 자의 화물 운송수단을 이용하여 자기 명의와 계산으로 화물을 운송하는 사업을 말한다.

① 화물자동차 운송사업
② 화물자동차 운송공제사업
③ **화물자동차 운송주선사업**
④ 화물자동차 운송가맹사업

> "화물자동차 운송주선사업"이란 다른 사람의 요구에 응하여 유상으로 화물운송계약을 중개·대리하거나 화물자동차 운송사업 또는 화물자동차 운송가맹사업을 경영하는 자의 화물 운송수단을 이용하여 자기 명의와 계산으로 화물을 운송하는 사업(화물이 이사화물인 경우에는 포장 및 보관 등 부대서비스를 함께 제공하는 사업을 포함한다)을 말한다.

20

화물자동차 운수사업법상 화물자동차 운전자의 자격요건으로 옳지 않은 것은?

① 20세 이상일 것
② 운전경력이 2년 이상일 것
③ 화물자동차를 운전하기에 적합한 「도로교통법」에 따른 운전면허를 가지고 있을 것
④ **화물자동차 운수사업용 자동차를 운전한 경력이 있는 경우 그 운전경력이 2년 이상일 것**

> 여객자동차 운수사업용 자동차 또는 화물자동차 운수사업용 자동차를 운전한 경력이 있는 경우에는 그 운전경력이 1년 이상이어야 한다.

21

화물자동차 운수사업법상 허가를 받지 아니하거나 거짓이나 그 밖의 부정한 방법으로 허가를 받고 화물자동차 운송사업을 경영한 자에 대한 벌칙으로 옳은 것은?

① 1년 이하의 징역 또는 1천만원 이하의 벌금
② **2년 이하의 징역 또는 2천만원 이하의 벌금**
③ 3년 이하의 징역 또는 3천만원 이하의 벌금
④ 5년 이하의 징역 또는 2천만원 이하의 벌금

> 허가를 받지 아니하거나 거짓이나 그 밖의 부정한 방법으로 허가를 받고 화물자동차 운송사업을 경영한 자는 2년 이하의 징역 또는 2천만원 이하의 벌금에 처한다.

22

화물자동차 운수사업법상 책임보험계약 등의 가입 등과 관련된 설명으로 옳지 않은 것은?

① 운송가맹사업자는 적재물배상보험 등을 의무가입하여야 한다.
② 화물자동차 운송사업의 허가사항이 변경된 경우 책임보험계약 등의 전부 또는 일부를 해제하거나 해지할 수 있다.
③ **보험회사 등은 자기와 책임보험계약 등을 체결하고 있는 보험 등 의무가입자에게 그 계약종료일 15일 전까지 그 계약이 끝난다는 사실을 알려야 한다.**
④ 보험회사 등은 자기와 책임보험계약 등을 체결한 보험 등 의무가입자가 그 계약이 끝난 후 새로운 계약을 체결하지 아니하면 그 사실을 지체 없이 국토교통부장관에게 알려야 한다.

> 보험회사 등은 자기와 책임보험계약 등을 체결하고 있는 보험 등 의무가입자에게 그 계약종료일 30일 전까지 그 계약이 끝난다는 사실을 알려야 한다.

23

다음 중 자동차관리법상 시·도지사 직권으로 말소등록이 가능한 경우는 모두 몇 개인가?

- 자동차를 도난당한 경우
- 자동차를 폐차한 경우
- 속임수나 그 밖의 부정한 방법으로 등록된 경우
- 의무보험 가입명령을 이행하지 아니한 지 1년 이상 경과한 경우

① 1개
② 2개
③ **3개**
④ 4개

> 시·도지사 직권으로 말소등록이 가능한 경우
> 1) 말소등록을 신청하여야 할 자가 신청하지 아니한 경우
> 2) 자동차의 차대가 등록원부상의 차대와 다른 경우
> 3) 자동차 운행정지 명령에도 불구하고 해당 자동차를 계속 운행하는 경우
> 4) 자동차를 폐차한 경우
> 5) 속임수나 그 밖의 부정한 방법으로 등록된 경우
> 6) 의무보험 가입명령을 이행하지 아니한 지 1년 이상 경과한 경우

24

도로법상 운행을 제한할 수 있는 차량에 대한 설명으로 옳지 않은 것은?

① 축하중이 10톤을 초과하거나 총중량이 30톤을 초과하는 차량
② 차량의 폭이 2.5m, 높이가 4.0m, 길이가 16.7m를 초과하는 차량
③ 차량의 폭이 2.5m, 높이가 도로 구조의 보전과 통행의 안전에 지장이 없다고 도로관리청이 인정하여 고시한 도로의 경우에는 4.2m, 길이가 16.7m를 초과하는 차량
④ 도로관리청이 특히 도로 구조의 보전과 통행의 안전에 지장이 있다고 인정하는 차량

> 도로법상 운행을 제한할 수 있는 차량
> 1) 축하중이 10톤을 초과하거나 총중량이 40톤을 초과하는 차량
> 2) 차량의 폭이 2.5m, 높이가 4.0m(도로 구조의 보전과 통행의 안전에 지장이 없다고 도로관리청이 인정하여 고시한 도로의 경우에는 4.2m), 길이가 16.7m를 초과하는 차량
> 3) 도로관리청이 특히 도로 구조의 보전과 통행의 안전에 지장이 있다고 인정하는 차량

25

대기환경보전법상 공회전 제한장치 부착명령 대상 자동차에 해당되지 않는 것은?

① 군단위를 사업구역으로 하는 일반택시운송사업에 사용되는 자동차
② 일반택시운송사업에 사용되는 자동차
③ 화물자동차운송사업에 사용되는 최대 적재량이 1톤 이하인 밴형 화물자동차로서 택배용으로 사용되는 자동차
④ 시내버스운송사업에 사용되는 자동차

> 일반택시운송사업에 사용되는 자동차는 공회전 제한장치 부착명령 대상 자동차에 해당하나, 군단위를 사업구역으로 하는 운송사업의 경우에는 제외된다.

2 화물취급요령

26

다음 중 운송장의 기능으로 볼 수 없는 것은?

① 계약서 기능
② 화물인수증 기능
③ 지출금 관리자료
④ 배달에 대한 증빙

> 운송장의 기능
> 계약서 기능/화물인수증 기능/운송요금 영수증 기능/정보처리 기본자료/배달에 대한 증빙(배송에 대한 증거서류 기능)/수입금 관리자료/행선지 분류정보 제공(작업지시서 기능)

27

다음 중 운송장에 기록되어야 할 내용이 아닌 것은?

① 운송장 번호와 바코드
② 송하인 주소, 성명 및 전화번호
③ 운임의 지급방법
④ 화물의 도착 예정일

> 운송장에 기록되어야 할 내용
> 운송장 번호와 바코드/송·수하인 주소와 성명 및 전화번호/주문번호 또는 고객번호/화물명/화물의 가격/화물의 크기(중량, 사이즈)/운임의 지급방법/운송요금/발송지(집하점)/도착지(코드)/집하자/인수자 날인/특기사항/면책사항/화물의 수량

28 ★★★

운송장을 기재할 때 유의하여야 할 사항에 대한 설명으로 옳지 않은 것은?

① 화물 인수 시 적합성 여부를 확인한 다음, 고객이 직접 운송장 정보를 기입하도록 한다.
② **파손, 부패, 변질 등 문제의 소지가 있는 물품의 경우에는 보상한도에 대해 서명을 받는다.**
③ 특약사항에 대하여 고객에게 고지한 후 특약사항 약관설명 확인필에 서명을 받는다.
④ 산간 오지, 섬 지역 등은 지역특성을 고려하여 배송예정일을 정한다.

> 파손, 부패, 변질 등 문제의 소지가 있는 물품의 경우에는 면책확인서를 받는다.

29 ★★★

운송화물의 특별 품목에 대한 포장 유의사항으로 옳지 않은 것은?

① 배나 사과 등을 박스에 담아 좌우에서 들 수 있도록 되어 있는 물품의 경우 손잡이 부분의 구멍을 테이프로 막아 내용물의 파손을 방지한다.
② **김치나 농수산물의 경우 비닐로 포장하는 것을 원칙으로 하되, 비닐이 없을 경우 스티로폼으로 내용물이 손상되지 않도록 포장한다.**
③ 가구류의 경우 박스 포장하고 모서리부분을 에어 캡으로 포장처리 후 면책확인서를 받아 집하한다.
④ 가방류, 보자기류 등의 경우 풀어서 내용물을 확인할 수 있는 물품들은 개봉이 되지 않도록 안전장치를 강구한 후 박스로 이중 포장하여 집하한다.

> 식품류(김치, 특산물, 농수산물 등)의 경우 스티로폼으로 포장하는 것을 원칙으로 하되, 스티로폼이 없을 경우 비닐로 내용물이 손상되지 않도록 포장한 후 두꺼운 골판지 박스 등으로 포장하여 집하한다.

30 ★★

화물을 취급하기 전 준비사항에 대한 설명으로 옳지 않은 것은?

① 위험물, 유해물을 취급할 때에는 반드시 보호구를 착용하고, 안전모는 턱끈을 매어 착용한다.
② 보호구의 자체결함은 없는지 또는 사용방법은 알고 있는지 확인한다.
③ **작업도구는 부족할 것에 대비하여 최대한 많이 준비한다.**
④ 화물의 포장이 거칠거나 미끄러움, 뾰족함 등은 없는지 확인한 후 작업에 착수한다.

> 작업도구는 해당 작업에 적합한 물품으로 필요한 수량만큼 준비한다.

31 ★★

창고 내 작업 및 입·출고 작업 요령에 대한 설명으로 잘못된 것은?

① 창고 내에서 작업할 때에는 어떠한 경우라도 흡연을 금한다.
② 화물적하장소에 무단으로 출입하지 않는다.
③ 창고 내에서 화물을 옮길 때에는 작업 안전통로를 충분히 확보한 후 화물을 적재한다.
④ **화물더미에서 작업할 때에는 화물더미의 상층과 하층에서 동시에 작업한다.**

> 화물더미에서 작업할 때에는 화물더미의 상층과 하층에서 동시에 하지 않는다.

32

화물의 적재방법에 대한 설명으로 옳지 않은 것은?

① 부피가 큰 것을 쌓을 때에는 가벼운 것은 밑에 무거운 것은 위에 쌓아야 한다.
② 높이 올려 쌓는 화물은 무너질 염려가 없도록 하고, 쌓아 놓은 물건 위에 다른 물건을 던져 쌓아 화물이 무너지는 일이 없도록 하여야 한다.
③ 화물을 적재할 때에는 소화기, 소화전, 배전함 등의 설비사용에 장애를 주지 않도록 하여야 한다.
④ 화물더미가 무너질 위험이 있는 경우에는 로프를 사용하여 묶거나, 망을 치는 등 위험방지를 위한 조치를 하여야 한다.

부피가 큰 것을 쌓을 때에는 무거운 것은 밑에 가벼운 것은 위에 쌓아야 한다.

33

성인 남자 단독으로 계속작업할 때 1인당 화물의 무게 한도로 옳은 것은?

① 10kg ~ 15kg
② 15kg ~ 20kg
③ 20kg ~ 25kg
④ 25kg ~ 30kg

성인 남자 단독으로 계속작업할 때 1인당 화물의 무게 한도는 10kg ~ 15kg이다.

34

고속도로 운행 시 운행이 제한되는 차량이 아닌 것은?

① 차량의 축하중이 10톤을 초과하는 차량
② 적재물을 포함한 차량의 폭이 2.5m를 초과하는 차량
③ 적재물을 포함한 차량의 길이가 15m를 초과하는 차량
④ 적재물을 포함한 차량의 높이가 4.0m를 초과하는 차량

고속도로 운행이 제한되는 차량에는 적재물을 포함한 차량의 길이가 16.7m를 초과하는 차량이 포함된다.

35

파렛트의 가장자리를 높게 하여 포장화물을 안쪽으로 기울여, 화물이 갈라지는 것을 방지하는 방법을 무엇이라고 하는가?

① 밴드걸기 방식
② 풀 붙이기 접착 방식
③ 주연어프 방식
④ 슈링크 방식

파렛트의 가장자리를 높게 하여 포장화물을 안쪽으로 기울여, 화물이 갈라지는 것을 방지하는 방법은 주연어프 방식이다. 주연어프 방식만으로는 화물이 갈라지는 것을 방지하기 어려우므로 다른 방법과 병용하여 안전을 확보하는 것이 효율적이다.

36

차량의 운행요령에 대한 설명으로 옳지 않은 것은?

① 운전에 지장이 없도록 충분한 수면을 취하고 운전 중에는 흡연 또는 잡담을 하지 않는다.
② 내리막길을 운전할 때에는 기어를 중립에 둔다.
③ 트레일러를 운행할 때에는 트랙터와의 연결부분을 점검하고 확인한다.
④ 주차할 때에는 엔진을 끄고 주차브레이크 장치로 완전 제동한다.

내리막길을 운전할 때에는 기어를 중립에 두지 않는다.

37

화물 인계요령에 대한 설명으로 옳지 않은 것은?

① 수하인에게 물품을 인계할 때 인계 물품의 이상 유무를 확인하여, 이상이 있을 경우 즉시 지점에 알려 조치하도록 한다.
② 인수된 물품 중 부패성 물품과 긴급을 요하는 물품에 대해서는 우선적으로 배송하기 힘들다는 것을 고객에게 고지한다.
③ 영업소(취급소)는 택배물품을 배송할 때 물품뿐만 아니라 고객의 마음까지 배달한다는 자세로 성심껏 배송하여야 한다.
④ 물품포장에 경미한 이상이 있는 경우에는 고객에게 사과하고 대화로 해결할 수 있도록 하며, 절대로 남의 탓으로 돌려 고객들의 불만을 가중시키지 않도록 한다.

인수된 물품 중 부패성 물품과 긴급을 요하는 물품에 대해서는 우선적으로 배송을 하여 손해배상 요구가 발생하지 않도록 해야 한다.

38

원동기부와 덮개가 운전실의 앞쪽에 나와 있는 트럭을 무엇이라고 하는가?

① 밴
② 보닛 트럭
③ 캡 오버 엔진 트럭
④ 픽업

원동기부와 덮개가 운전실의 앞쪽에 나와 있는 트럭은 보닛 트럭이다.

39

일반화물의 취급 표지 중 내용물이 깨지기 쉬운 것이므로 주의하여 취급해야 하는 것을 표시하는 것은?

①    ②
③    ④

일반화물의 취급 표지

호칭	표지	내용
깨지기 쉬움, 취급주의		내용물이 깨지기 쉬운 것이므로 주의하여 취급할 것
갈고리 금지		갈고리를 사용해서는 안 됨
직사광선 금지		태양의 직사광선에 화물을 노출시켜서는 안 됨
조임쇠 취급 표시		이 표시가 있는 면의 양쪽 면이 클램프의 위치라는 표시

40

운송물의 일부 멸실, 훼손 또는 연착에 대한 사업자의 손해배상책임은 고객(수하인)이 운송물을 수령한 날로부터 몇 년이 경과하면 소멸하는가?

① 1년　　② 2년
③ 3년　　④ 4년

운송물의 일부 멸실, 훼손 또는 연착에 대한 사업자의 손해배상책임은 고객(수하인)이 운송물을 수령한 날로부터 1년이 경과하면 소멸한다.

3 안전운행요령

41
다음 중 교통사고의 3대 요인이 아닌 것은?

① 인적요인 ② 차량요인
③ 도로·환경요인 **④ 물리적 요인**

> 교통사고의 3대 요인은 인적요인, 차량요인, 도로·환경요인이다.

42
다음 중 교통사고의 직접적 요인이 아닌 것은?

① 잘못된 위기대처
② 과속과 같은 법규 위반
③ 무리한 운행계획
④ 운전조작의 잘못

> 무리한 운행계획은 교통사고의 간접적 요인에 해당한다.

43
명순응과 암순응에 대한 설명으로 옳지 않은 것은?

① 암순응은 일광 또는 조명이 어두운 조건에서 밝은 조건으로 변할 때 사람의 눈이 그 상황에 적응하여 시력을 회복하는 것을 말한다.
② 주간 운전 시 터널에 막 진입하였을 때 더욱 조심스러운 안전운전이 요구되는 이유는 암순응 때문이다.
③ 완전한 암순응에는 30분 혹은 그 이상 걸리며 이것은 빛의 강도에 따라 좌우된다.
④ 상황에 따라 다르지만 명순응에 걸리는 시간은 암순응보다 빨라 수초~1분에 불과하다.

> ①은 명순응에 대한 설명이다. 암순응은 일광 또는 조명이 밝은 조건에서 어두운 조건으로 변할 때 사람의 눈이 그 상황에 적응하여 시력을 회복하는 것을 말한다.

44
음주운전으로 인한 교통사고의 특징이 아닌 것은?

① 치사율이 높다.
② 주차 중인 자동차와 같은 정지물체 등에 충돌할 가능성이 높다.
③ 차량 단독사고의 가능성이 낮다.
④ 전신주, 가로시설물, 가로수 등과 같은 고정물체와 충돌할 가능성이 높다.

> 음주운전 교통사고는 도로이탈사고 등 차량 단독사고의 가능성이 높다.

45
고령 보행자의 교통안전 계몽사항이 아닌 것은?

① 필요시 안경 착용
② 도로 횡단 시 이륜자동차(모터사이클)를 잘 살피는 것
③ 야간에 운전자들의 눈에 잘 보이는 의복 등을 입는 것
④ 단독으로 도로를 횡단하는 것

> 고령 보행자는 단독보다 다수 또는 부축을 받아 도로를 횡단하는 것이 더 안전하다.

46
어린이 교통사고의 특징에 대한 설명으로 옳지 않은 것은?

① 시간대별 어린이 보행 사상자는 오후 4시에서 오후 6시 사이에 가장 많다.
② 보행 중 교통사고를 당하여 사망하는 비율이 가장 높다.
③ 학년이 높을수록 교통사고를 많이 당한다.
④ 집이나 학교 근처 등에서 사고가 많이 발생한다.

> 어릴수록 그리고 학년이 낮을수록 교통사고를 당할 확률이 높다.

47

동체시력에 대한 설명으로 옳지 않은 것은?

① 동체시력이란 주행 중 운전자의 시력을 말한다.
② 물체의 이동속도가 빨라지면 동체시력은 저하된다.
③ **연령이 낮을수록 동체시력은 저하된다.**
④ 장시간 운전에 의한 피로상태에서 동체시력은 저하된다.

> 동체시력은 연령이 높을수록 저하된다.

48

속도의 착각에 대한 설명으로 옳지 않은 것은?

① 좁은 시야에서는 빠르게 느껴진다.
② **비교대상이 먼 곳에 있을 때는 빠르게 느껴진다.**
③ 반대 방향으로 자동차가 서로 달릴 때는 보다 빠르게 느껴진다.
④ 넓은 시야에서는 느리게 느껴진다.

> 비교대상이 먼 곳에 있을 때는 느리게 느껴진다.

49

전방에 있는 대상물까지의 거리를 목측하는 것을 무엇이라고 하는가?

① **심경각**   ② 심시력
③ 암순응   ④ 명순응

> 전방에 있는 대상물까지의 거리를 목측하는 것을 심경각이라 한다.

50

다음 중 자동차의 제동장치가 아닌 것은?

① ABS   ② 엔진 브레이크
③ **휠**   ④ 주차 브레이크

> 휠은 주행장치에 해당한다.

51

원심력에 대한 설명으로 옳지 않은 것은?

① 속도의 제곱에 비례하여 커진다.
② 속도가 빠를수록 커진다.
③ **중량이 작을수록 커진다.**
④ 커브의 반경이 작을수록 커진다.

> 원심력은 중량이 클수록 커진다.

52

엔진 브레이크에 대한 설명으로 옳지 않은 것은?

① 가속 페달을 밟았다 놓으면 엔진 브레이크가 작용하여 속도가 떨어지게 된다.
② 고단 기어에서 저단 기어로 바꾸게 되면 엔진 브레이크가 작용하여 속도가 떨어지게 된다.
③ 엔진 브레이크는 구동바퀴에 의해 엔진이 역으로 회전하는 것과 같이 되어 그 회전 저항으로 제동력이 발생한다.
④ **내리막길에서는 엔진 브레이크보다 풋 브레이크를 사용하는 것이 안전하다.**

> 내리막길에서는 풋 브레이크만 사용하게 되면 라이닝의 마찰에 의해 제동력이 떨어지므로 엔진 브레이크를 사용하는 것이 안전하다.

53

타이어의 회전속도가 빨라지면 접지부에서 받은 타이어의 변형(주름)이 다음 접지 시점까지도 복원되지 않고 접지의 뒤쪽에 진동의 물결이 일어난다. 이러한 현상을 무엇이라고 하는가?

① **스탠딩 웨이브 현상**   ② 수막현상
③ 베이퍼 록 현상   ④ 페이드 현상

> 스탠딩 웨이브 현상의 내용이다.

54

수막현상의 예방방법으로 적절하지 않은 것은?

① 고속으로 주행한다.
② 마모된 타이어를 사용하지 않는다.
③ 공기압을 조금 높게 한다.
④ 배수효과가 좋은 타이어를 사용한다.

> 수막현상을 예방하기 위해서는 고속으로 주행하지 않아야 한다.

55

자동차의 앞바퀴를 위에서 보았을 때 앞쪽이 뒤쪽보다 좁은 상태를 무엇이라고 하는가?

① 토우인　　② 캠버
③ 캐스터　　④ 브레이크

> 자동차의 앞바퀴를 위에서 보았을 때 앞쪽이 뒤쪽보다 좁은 상태를 토우인이라 한다. 토우인은 타이어의 마모를 방지하기 위해 있는 것인데 바퀴를 원활하게 회전시켜 핸들의 조작을 용이하게 한다.

56

자동차의 공주시간과 제동시간을 합한 시간을 의미하는 것은?

① 공주시간　　② 이동시간
③ 정지시간　　④ 제동시간

> 자동차의 공주시간과 제동시간을 합한 시간을 정지시간이라고 한다.

57

자동차의 이상 징후에 대한 점검방법 중 촉각에 의해 점검할 수 있는 것은?

① 오일의 누설
② 엔진 노킹소리
③ 전선이 타는 냄새
④ 볼트·너트의 이완

> 촉각에 의해 점검할 수 있는 것
> 볼트·너트의 이완/유격/브레이크 시 차량이 한쪽으로 쏠림/전기 배선 불량 등

58

도로의 선형과 횡단면에 따른 교통사고에 대한 설명 중 옳지 않은 것은?

① 곡선부의 사고율에는 시거, 편경사에 의해서도 크게 좌우된다.
② 곡선부가 오르막 내리막의 종단경사와 중복되는 곳은 사고의 위험성이 낮다.
③ 일반적으로 횡단면의 차로 폭이 넓을수록 교통사고 예방의 효과가 있다.
④ 길어깨가 넓으면 차량의 이동공간이 넓고 시계가 넓기 때문에 안전성이 크다.

> 곡선부가 오르막 내리막의 종단경사와 중복되는 곳은 사고의 위험성이 높다.

59

"측대"에 대한 설명으로 옳은 것은?

① 차도를 통행의 방향에 따라 분리하거나 성질이 다른 같은 방향의 교통을 분리하기 위해 설치하는 도로의 부분이나 시설물을 말한다.
② **운전자의 시선을 유도하고 옆부분의 여유를 확보하기 위해 중앙분리대 또는 길어깨에 차도와 동일한 횡단경사와 구조로 차도에 접속하여 설치하는 부분을 말한다.**
③ 도로를 보호하고 비상시에 이용하기 위해 차도에 접속하여 설치하는 도로를 말한다.
④ 자동차의 주차 또는 정차에 이용하기 위하여 도로에 접속하여 설치하는 부분을 말한다.

> "측대"란 운전자의 시선을 유도하고 옆부분의 여유를 확보하기 위해 중앙분리대 또는 길어깨에 차도와 동일한 횡단경사와 구조로 차도에 접속하여 설치하는 부분을 말한다.
> ① 분리대, ③ 길어깨, ④ 주·정차대에 대한 설명이다.

60

다음 중 방어운전의 기본사항이 아닌 것은?

① 양보와 배려의 실천
② 능숙한 운전 기술
③ **무리한 운행**
④ 예측능력과 판단력

> 방어운전의 기본사항
> 능숙한 운전 기술/정확한 운전 지식/세심한 관찰력/예측능력과 판단력/양보와 배려의 실천/교통상황 정보수집/반성의 자세/무리한 운행 배제

61

교차로에서의 안전운행에 대한 설명으로 옳지 않은 것은?

① 신호 대기 시 브레이크 페달에 발을 올려놓는다.
② 언제든지 정지할 수 있는 마음의 준비를 하고 운전한다.
③ **다음 신호를 추측하고 운행한다.**
④ 신호등이 없는 교차로의 경우 통행우선순위에 따라 주의하여 진행한다.

> 교차로 내에서는 섣부른 추측운전을 하지 않도록 해야 한다.

62

커브 길 주행 시의 안전운전 및 방어운전에 대한 설명으로 옳지 않은 것은?

① 중앙선을 침범하거나 도로의 중앙으로 치우쳐 운전하지 않는다.
② **핸들을 조작할 때는 감속한다.**
③ 항상 반대 차로에 차가 오고 있다는 것을 염두에 두고 차로를 준수하며 운전한다.
④ 절대 앞지르기를 하지 않는다.

> 핸들을 조작할 때는 가속이나 감속을 하지 않아야 한다.

63

고압가스 충전용기의 차량 적재·운반기준으로 옳지 않은 것은?

① 차량의 최대 적재량을 초과하여 적재하지 않을 것
② 차량의 적재함을 초과하여 적재하지 않을 것
③ 운반 중의 충전용기는 항상 40℃ 이하를 유지할 것
④ **원칙적으로 이륜차에 적재하여 운반이 가능하다.**

> 고압가스 충전용기는 이륜차(자전거 포함)에 적재하여 운반하여서는 안 된다.

64

낙석위험이 가장 높은 계절은?

① **봄**
② 여름
③ 가을
④ 겨울

> 봄철은 날씨가 풀리면서 겨우내 얼어 있던 땅이 녹아 지반붕괴로 인한 도로의 균열이나 낙석의 위험이 크다.

65

다음 중 위험물 탑재 차량의 주차 장소로 적합하지 않은 곳은?

① 교통량이 적은 평탄한 곳
② 운반 책임자나 운전자가 차량을 이탈할 시 쉽게 볼 수 있는 곳
③ 주위의 화기 등이 없는 곳
④ **언덕길 등 경사진 곳**

> 위험물 탑재 차량의 주차 장소는 언덕길 등 경사진 곳을 피하고 가능한 한 평탄하고 교통량이 적은 안전한 장소를 선택한다.

4 운송서비스

66

고객 응대 시 인사하는 방법으로 적절하지 않은 것은?

① **얼굴을 빤히 보면서 인사한다.**
② 턱을 지나치게 내밀지 않도록 한다.
③ 항상 밝고 명랑한 표정의 미소를 짓는다.
④ 인사하는 지점에서 상대방과의 거리는 약 2m 내외가 적당하다.

> 얼굴을 빤히 보고 하는 인사나 턱을 쳐들고 눈을 치켜뜨고 하는 인사는 꼴불견 인사에 해당한다.

67

서비스의 품질을 평가하는 고객의 결정에 영향을 미치는 요인으로 옳지 않은 것은?

① 과거의 경험
② 환경적인 요인
③ 구전에 의한 의사소통
④ **서비스 수요자의 커뮤니케이션**

> 고객의 결정에 영향을 미치는 요인에는 구전에 의한 의사소통, 개인적인 성격이나 환경적 요인, 과거의 경험, 서비스 제공자의 커뮤니케이션 등이 있다.

68

배달 시 행동방법으로 옳지 않은 것은?

① 무거운 물건일 경우 손수레를 이용하여 배달한다.
② 인수증 서명은 반드시 정자로 실명 기재 후 받는다.
③ **고객 부재 시에는 택배운임표를 반드시 이용한다.**
④ 수하인 주소가 불명확할 경우 사전에 정확한 위치를 확인 후 출발한다.

> 택배운임표는 집하 시 고객에게 제시하여 운임을 수령하는 경우 필요한 것이고, 고객 부재 시에는 부재중 방문표를 반드시 이용해야 한다.

69

교통사고 발생 시 조치방법으로 옳지 않은 것은?

① 교통사고가 발생한 경우 관할경찰서에 신고 등의 의무를 수행한다.
② 교통사고가 발생한 경우 현장에서 인명구호 등의 의무를 성실히 수행한다.
③ 사고로 인한 행정·형사처분 접수 시 임의처리는 불가하나 피해자와 원만하게 합의가 된 경우에는 처리 이후 통보도 가능하다.
④ 회사 소속 자동차 사고를 유·무선으로 통보 받거나 발견 즉시 최인근 지점에 기착 또는 유·무선으로 육하원칙에 의거하여 즉시 보고한다.

> 사고로 인한 행정·형사처분(처벌) 접수 시 임의처리는 불가하며 회사의 지시에 따라 처리해야 한다. 또한 형사합의 등과 같이 운전자 개인의 자격으로 합의 보상 이외 어떠한 경우라도 회사손실과 직결되는 보상업무는 임의적으로 처리할 수 없다.

70

고객의 불만이 발생한 경우 행동방법으로 적절하지 않은 것은?

① 불만사항에 대하여 정중히 사과한다.
② 고객의 불만, 불편사항이 더 이상 확대되지 않도록 한다.
③ 불만전화 접수 시 우선적으로 관련부서와 협의 후에 고객에게 답변한다.
④ 책임감을 갖고 전화를 받는 사람의 이름을 밝혀 고객을 안심시키고 확인 후 연락할 것을 전해준다.

> 불만전화가 접수되면 우선적으로 빠른 시간 내에 확인하여 고객에게 알려야 하며, 고객불만을 해결하기 어려운 경우 적당히 답변하지 말고 관련부서와 협의 후에 답변하도록 한다.

71

물류의 보관에 대한 설명으로 옳지 않은 것은?

① 보관은 물품을 저장·관리하는 것이다.
② 보관은 경제활동의 안정과 촉진을 도모한다.
③ 보관은 경제적 이익의 극대화를 위한 수단이다.
④ 보관은 수요와 공급의 시간적 간격을 조정한다.

> 물류시스템에서 보관은 물품을 저장·관리하는 것을 의미하고 시간·가격조정에 관한 기능을 수행하며 수요와 공급의 시간적 간격을 조정함으로써 경제활동의 안정과 촉진을 도모한다.

72

기업경영에 있어 물류의 역할로 옳지 않은 것은?

① 판매기능의 촉진
② 마케팅의 절반을 차지
③ 전체 재고의 완전소진을 통한 재고비용의 불필요
④ 물류(物流)와 상류(商流) 분리를 통한 유통합리화에 기여

> 물류합리화로 불필요한 재고의 미보유에 따른 재고비용 절감이 가능하다.

73

전략적 물류관리(SLM)의 목표로 옳지 않은 것은?

① 상적 유통의 활성화
② 업무품질 향상
③ 고객서비스 증대
④ 업무처리속도 향상

> 전략적 물류관리의 목표는 업무처리속도 향상, 업무품질 향상, 고객서비스 증대, 물류원가 절감 등이다.

74

물류관리의 기본원칙 중 7R 원칙이 아닌 것은?

① Right Time(적절한 시간)
② Right Price(적절한 가격)
③ Right Quantity(적절한 양)
④ **Right Information(적절한 정보)**

> **7R 원칙**
> 1) Right Quality(적절한 품질)
> 2) Right Quantity(적절한 양)
> 3) Right Time(적절한 시간)
> 4) Right Place(적절한 장소)
> 5) Right Impression(좋은 인상)
> 6) Right Price(적절한 가격)
> 7) Right Commodity(적절한 상품)

75

물류전략의 실행구조를 순서대로 바르게 나열한 것은?

① 구조설계(Structural) → 기능정립(Functional) → 전략수립(Strategic) → 실행(Operational)
② 기능정립(Functional) → 구조설계(Structural) → 실행(Operational) → 전략수립(Strategic)
③ **전략수립(Strategic) → 구조설계(Structural) → 기능정립(Functional) → 실행(Operational)**
④ 기능정립(Functional) → 실행(Operational) → 전략수립(Strategic) → 구조설계(Structural)

> 물류전략의 실행구조는 '전략수립(Strategic) → 구조설계(Structural) → 기능정립(Functional) → 실행(Operational)' 순서로 진행되며 이러한 과정이 순환된다.

76

제3자 물류에 의한 물류혁신 기대효과로 옳지 않은 것은?

① 종합물류서비스의 활성화
② **효율적 고객대응(ECR)의 도입·확산의 촉진**
③ 물류산업의 합리화에 의한 높은 물류비 구조의 혁신
④ 고품질 물류서비스의 제공으로 제조업체의 경쟁력 강화 지원

> 제3자 물류에 의한 물류혁신을 통해 공급망관리(SCM)의 도입·확산의 촉진이 기대된다.

77

전사적 품질관리(TQC)에 대한 설명으로 옳지 않은 것은?

① 제품이나 서비스를 만드는 모든 작업자가 품질에 대한 책임을 나누어 갖는다는 개념이다.
② 작업자가 품질에 문제가 있는 것을 발견하면 생산라인 전체를 중단시킬 수도 있다.
③ 물류서비스의 품질관리를 보다 효율적으로 하기 위해서는 물류현상을 정량화하는 것이 중요하다.
④ **조직 부문 또는 개인 간 협력, 소비자 만족, 원가절감, 납기, 보다 나은 개선이라는 "정신"의 문제보다는 통계적인 기법이 핵이 되고 있다.**

> 원래 전사적 품질관리(TQC)는 통계적인 기법이 주요 근간을 이루나 조직 부문 또는 개인 간 협력, 소비자 만족, 원가절감, 납기, 보다 나은 개선이라는 "정신"의 문제가 핵이 되고 있다.

78

각종 자연재해로부터 사전대비를 통해 재해를 회피할 수 있도록 해주는 신 물류서비스 기법으로 옳은 것은?

① 주파수 공용통신(TRS)
② 전사적 품질관리(TQC)
③ **범지구측위시스템(GPS)**
④ 통합판매・물류・생산시스템(CALS)

> 범지구측위시스템(GPS)을 도입하면 각종 자연재해로부터 사전대비를 통해 재해를 회피할 수 있고, 토지조성공사에도 작업자가 건설용지를 돌면서 지반침하와 침하량을 측정하여 리얼 타임으로 신속하게 대응할 수 있다.

79

물류고객의 거래 전, 거래 시, 거래 후 요소 중 거래 전 요소에 해당하는 것은?

① 제품의 추적
② 시스템의 정확성
③ **시스템의 유연성**
④ 예비품의 이용가능성

> 거래 전 요소에는 문서화된 고객서비스 정책 및 고객에 대한 제공, 접근가능성, 조직구조, 시스템의 유연성, 매니지먼트 서비스 등이 있다.
> ①・④는 거래 후 요소, ②는 거래 시 요소에 해당한다.

80

자가용 트럭운송의 장단점에 대한 설명으로 옳지 않은 것은?

① 작업의 기동성이 높다.
② **안정적 공급이 어렵다.**
③ 수송량의 변동에 대응하기 어렵다.
④ 수송능력과 사용하는 차종, 차량에 한계가 있다.

> 자가용 트럭운송은 안정적 공급이 가능하고 시스템의 일관성 유지가 가능하다는 장점이 있다.

CHAPTER 05 제5회 CBT 기출복원문제

1 교통 및 화물자동차 관련 법규

01 ★★

다음 ( ) 안에 들어갈 시간으로 옳은 것은?

> "정차"란 운전자가 ( )을 초과하지 아니하고 차를 정지시키는 것으로서 주차 외의 정지 상태를 말한다.

① 3분 ② **5분**
③ 7분 ④ 10분

> "정차"란 운전자가 5분을 초과하지 아니하고 차를 정지시키는 것으로서 주차 외의 정지 상태를 말한다.

02 ★

다음에서 설명하는 안전표지의 종류로 옳은 것은?

> 도로상태가 위험하거나 도로 또는 그 부근에 위험물이 있는 경우에 필요한 안전조치를 할 수 있도록 이를 도로사용자에게 알리는 표지

① **주의표지** ② 규제표지
③ 지시표지 ④ 보조표지

> 주의표지는 도로상태가 위험하거나 도로 또는 그 부근에 위험물이 있는 경우에 필요한 안전조치를 할 수 있도록 이를 도로사용자에게 알리는 표지이다.

03 ★★★

다음 중 운행속도를 최고속도의 100분의 50까지 줄여야 하는 경우가 아닌 것은?

① 노면이 얼어붙은 경우
② 눈이 20mm 이상 쌓인 경우
③ **비가 내려 노면이 젖어있는 경우**
④ 폭우·폭설·안개 등으로 가시거리가 100m 이내인 경우

> 비가 내려 노면이 젖어있는 경우는 운행속도를 최고속도의 100분의 20까지 줄여야 한다.

04 ★★

견인차와 구난차를 운전하기 위해 갖추어야 할 운전면허로 옳은 것은?

① **제1종 특수면허**
② 제1종 보통면허
③ 제2종 보통면허
④ 제2종 소형면허

> 대형 견인차, 소형 견인차, 구난차를 운전하기 위해서는 제1종 특수면허가 필요하다.

05

3주 이상의 치료를 요하는 의사의 진단이 있는 인적피해 교통사고의 경우 1명마다 부과되는 벌점으로 옳은 것은?

① 2점
② 5점
③ **15점**
④ 90점

> 3주 이상의 치료를 요하는 의사의 진단이 있는 사고의 경우 중상으로 1명마다 15점의 벌점이 부과된다.

06

어린이보호구역에서 4톤 이하 화물자동차가 횡단보도 보행자 횡단을 방해한 경우의 범칙금액으로 옳은 것은?

① 5만원
② 8만원
③ 10만원
④ **12만원**

> 어린이보호구역 및 노인·장애인보호구역에서 4톤 이하 화물자동차가 신호·지시 위반, 횡단보도 보행자 횡단 방해 등의 범칙행위를 한 경우 12만원의 범칙금액이 부과된다.

07

주거지역의 일반도로에서 눈이 20mm 미만 쌓인 경우 운행차의 최고속도로 옳은 것은?

① 30km/h
② **40km/h**
③ 50km/h
④ 60km/h

> 주거지역의 일반도로에서의 최고속도는 50km/h이나 눈이 20mm 미만 쌓인 경우 이 속도의 100분의 20을 줄여야 하므로 최고속도는 40km/h가 된다.

08

다음 중 서행해야 하는 경우가 아닌 것은?

① 도로가 구부러진 부근
② 안전지대에 보행자가 있는 경우
③ 교차로에서 좌·우회전하는 경우
④ **어린이, 시각장애인, 지체장애인, 노인 등이 도로를 횡단할 때**

> 어린이, 시각장애인, 지체장애인, 노인 등이 도로를 횡단할 때에는 일시정지해야 한다.

09

다음 중 운전면허취득 응시제한기간이 가장 긴 것은?

① 3회 이상 무면허운전
② 운전면허시험 대리 응시를 한 경우
③ **음주운전 중 사상사고를 야기한 후 구호조치 하지 않고 도주한 경우**
④ 공동위험행위로 운전면허가 취소된 자가 원동기면허를 취득하고자 하는 경우

> 무면허운전, 음주운전, 약물복용·과로 운전, 공동위험행위 중 사상사고 야기 후 필요한 구호조치를 하지 않고 도주한 경우에는 5년간 운전면허취득 응시가 제한된다.
> ①·② 2년 제한, ④ 1년 제한

10

철길 건널목의 종류 중에서 차단기, 건널목경보기 및 교통안전표지가 설치되어 있는 것은?

① **1종 건널목**
② 2종 건널목
③ 3종 건널목
④ 4종 건널목

> 철길 건널목의 종류 중에서 1종 건널목은 차단기, 건널목경보기 및 교통안전표지가 설치되어 있는 것이다.

11

무면허운전에 해당하지 않는 것은?

① 덤프트럭을 제1종 보통운전면허로 운전한 경우
② 면허 취소처분을 받은 자가 운전하는 경우
③ **외국인으로 국제운전면허만 받아 운전하는 경우**
④ 군인이 군면허만 취득소지하고 일반차량을 운전한 경우

> 외국인의 경우 국제운전면허를 받았고 입국하여 1년이 지나지 않은 경우라면 무면허운전에 해당하지 않는다.

12

승객추락 방지의무 위반사고가 성립하는 것은?

① 차량정차 중 피해자의 과실사고인 경우
② 차량 뒤 적재함에서의 추락사고의 경우
③ 적재되었던 화물이 추락하여 발생한 경우
④ **탑승객이 승차 중에 개문된 상태로 발차하여 승객이 추락하여 다친 경우**

> 모든 차 또는 노면전차의 운전자는 운전 중 타고 있는 사람 또는 타고 내리는 사람이 떨어지지 아니하도록 하기 위하여 문을 정확히 여닫는 등 필요한 조치를 해야 한다. 이를 위반하여 인사사고가 발생한 경우에는 승객추락 방지의무 위반사고가 성립한다.

13

화물자동차 운수사업법상 협회의 사업이 아닌 것은?

① 경영자와 운수종사자의 교육훈련
② **조합원의 자동차 사고로 인한 손해배상책임의 보장사업 및 적재물배상 공제사업**
③ 화물자동차 운수사업의 진흥 및 발전에 필요한 통계의 작성 및 관리
④ 국가나 지방자치단체로부터 위탁받은 업무

> 조합원의 자동차 사고로 인한 손해배상책임의 보장사업 및 적재물배상 공제사업은 공제조합에서 수행하는 것으로 화물자동차 운수사업법상 협회의 사업이 아니다.

14

화물자동차 운수사업법상 화물자동차의 정의에서 ( ) 안에 들어갈 법령으로 옳은 것은?

> "화물자동차"란 ( ) 제3조에 따른 화물자동차 및 특수자동차로서 국토교통부령으로 정하는 자동차를 말한다.

① 도로교통법
② **자동차관리법**
③ 건설기계관리법
④ 화물자동차 운수사업법

> "화물자동차"란 「자동차관리법」 제3조에 따른 화물자동차 및 특수자동차로서 국토교통부령으로 정하는 자동차를 말한다.

15

화물자동차 운수사업법상 500만원 이하의 과태료를 부과하는 경우가 아닌 것은?

① **국토교통부장관이 공표한 화물자동차 안전운임보다 적은 운임을 지급한 자**
② 적재물배상보험 등에 가입하지 아니한 자
③ 위·수탁계약의 체결을 명목으로 부당한 금전지급을 요구한 운송사업자
④ 자가용 화물자동차의 사용 제한 또는 금지에 관한 명령을 위반한 자

> 화물자동차 운수사업법상 국토교통부장관이 공표한 화물자동차 안전운임보다 적은 운임을 지급한 자에게는 1천만원 이하의 과태료를 부과한다.

16 ★★★

자동차관리법 시행령에 따르면 제작연도에 등록된 자동차의 차령기산일은 언제인가?

① 등록 당일
② 자동차 매매일
③ 제작연도의 말일
④ **최초의 신규등록일**

> 자동차의 차령기산일
> 1) 제작연도에 등록된 자동차 : 최초의 신규등록일
> 2) 제작연도에 등록되지 아니한 자동차 : 제작연도의 말일

17 ★★★

화물자동차가 정기검사 또는 종합검사를 받지 않고 지연된 기간이 30일 이내인 경우의 과태료는 얼마인가?

① **4만원** ② 7만원
③ 10만원 ④ 15만원

> 정기검사 또는 종합검사를 받지 않은 경우 과태료
> 1) 지연기간이 30일 이내인 경우 : 4만원
> 2) 지연기간이 30일 초과 114일 이내인 경우 : 4만원에 31일째부터 계산하여 3일 초과 시마다 2만원을 더한 금액
> 3) 지연기간이 115일 이상인 경우 : 60만원

18 ★

자동차관리법상 정당한 사유 없이 자동차를 타인의 토지에 방치한 경우 강제 처리가 가능한 방치기간으로 옳은 것은?

① 1개월 ② **2개월**
③ 3개월 ④ 4개월

> 자동차관리법과 동법 시행령에 따라 정당한 사유 없이 자동차를 타인의 토지에 2개월(운행 불가 시 15일) 이상 방치하는 행위를 한 경우에는 강제 처리가 가능하다.

19 ★★

도로법상 고속국도가 아닌 도로를 파손하여 교통을 방해하거나 교통에 위험을 발생하게 한 자에 대한 벌칙으로 옳은 것은?

① 1년 이하의 징역이나 1천만원 이하의 벌금
② 3년 이하의 징역 또는 3천만원 이하의 벌금
③ 5년 이하의 징역 또는 5천만원 이하의 벌금
④ **10년 이하의 징역이나 1억원 이하의 벌금**

> 도로법상 고속국도를 파손하여 교통을 방해하거나 교통에 위험을 발생하게 한 자나 고속국도가 아닌 도로를 파손하여 교통을 방해하거나 교통에 위험을 발생하게 한 자는 10년 이하의 징역이나 1억원 이하의 벌금에 처한다.

20 ★★★

교통사고처리특례법상 특례의 적용이 배제되는 경우가 아닌 것은?

① 보행자 보호의무 위반사고
② **자동차전용도로에서 추돌사고**
③ 속도위반(20km/h) 과속사고
④ 고속도로에서의 횡단·유턴 또는 후진 위반사고

> 고속도로나 자동차전용도로에서의 횡단·유턴 또는 후진 위반사고는 교통사고처리특례법상 특례의 적용이 배제되는 경우에 해당하나, 자동차전용도로에서의의 추돌사고는 특례의 적용이 배제되지 않는다.

21

다음과 같이 '자동차'에 대해 정의한 법령으로 옳은 것은?

> "자동차"란 원동기에 의하여 육상에서 이동할 목적으로 제작한 용구 또는 이에 견인되어 육상을 이동할 목적으로 제작한 용구(이하 "피견인자동차"라 한다)를 말한다. 다만, 대통령령으로 정하는 것은 제외한다.

① 도로법
② 도로교통법
③ **자동차관리법**
④ 건설기계관리법

> 자동차관리법 제2조 제1호에 규정되어 있다.

22

주요 도시, 지정항만, 주요 공항, 국가산업단지 또는 관광지 등을 연결하여 고속국도와 함께 국가간선도로망을 이루는 도로의 종류는 무엇인가?

① 특별시도·광역시도
② **일반국도**
③ 지방도
④ 시도

> 국토교통부장관은 주요 도시, 지정항만(「항만법」 제3조에 따라 대통령령으로 정하는 항만을 말한다), 주요 공항, 국가산업단지 또는 관광지 등을 연결하여 고속국도와 함께 국가간선도로망을 이루는 도로 노선을 정하여 일반국도를 지정·고시한다.

23

교통사고처리특례법상 음주운전에 해당하지 않는 것은?

① 도로에서 음주운전한 경우
② 술을 마시고 주차장에서 운전한 경우
③ 불특정 다수의 사람의 통행을 위하여 공개된 장소에서 음주운전한 경우
④ **술을 마시고 운전했으나 혈중 알코올 농도 0.03% 이상에 해당되지 않는 경우**

> 술을 마시고 운전을 하였더라도 도로교통법에서 정한 음주기준(혈중 알코올 농도 0.03% 이상)에 해당되지 않으면 음주운전에 해당하지 않는다.

24

대기환경보전법상 운행차의 배출가스 정밀검사 유효기간이 가장 긴 것은?

① **차령이 4년 경과된 비사업용 승용자동차**
② 차령이 4년 경과된 비사업용 소형 승합자동차
③ 차령이 4년 경과된 사업용 소형 승합자동차
④ 차령이 2년 경과된 사업용 승용자동차

> 차령이 4년 경과된 비사업용 승용자동차의 배출가스 정밀검사 유효기간은 2년이다.
> ②·③·④ 1년

25

자동차관리법상 다음 ( ) 안에 들어갈 숫자는 얼마인가?

> 승용자동차 : ( )인 이하를 운송하기에 적합하게 제작된 자동차

① 6
② 9
③ 10
④ 12

자동차관리법상 승용자동차와 승합자동차의 구분
1) 승용자동차 : 10인 이하를 운송하기에 적합하게 제작된 자동차
2) 승합자동차 : 11인 이상을 운송하기에 적합하게 제작된 자동차로 다만, 다음의 어느 하나에 해당하는 자동차는 승차인원과 관계없이 이를 승합자동차로 본다.
 • 내부의 특수한 설비로 인하여 승차인원이 10인 이하로 된 자동차
 • 국토교통부령으로 정하는 경형자동차로서 승차인원이 10인 이하인 전방조종자동차

2 화물취급요령

26

포장 재료의 특성에 따른 분류에 해당하는 것은?

① 상업포장
② 유연포장
③ 완충포장
④ 진공포장

포장 재료의 특성에 따른 분류에는 유연포장, 강성포장, 반강성포장이 있다.
① 포장 목적에 따른 분류, ③·④ 포장방법(포장기법)에 따른 분류

27

색다른 화물을 운송하는 화물차량을 운행할 때의 주의사항으로 옳지 않은 것은?

① 비정상화물을 운반할 때에는 적재물의 특성을 알리는 특수장비를 갖추거나 경고표시를 하는 등 운행에 특별히 주의한다.
② 가축이나 살아있는 동물을 운반하는 차량은 커브길 등에서 무게중심이 자연스럽게 이동되도록 운행에 특별히 주의한다.
③ 냉동차량은 냉동설비 등으로 인해 무게중심이 높기 때문에 급회전할 때 운행에 특별히 주의한다.
④ 드라이 벌크 탱크 차량은 일반적으로 무게중심이 높고 적재물이 쏠리기 쉬우므로 커브길에서 특별히 주의하여 운행한다.

소나 돼지와 같은 가축 또는 살아있는 동물을 운송하는 차량은 무게중심이 이동하면 전복될 우려가 있으므로 커브길 등에서 특별히 주의하여 운전한다.

28

화물의 인수증 관리요령에 대한 설명으로 옳지 않은 것은?

① 수령인 구분은 본인, 동거인, 관리인, 지정인, 기타 등으로 구분하여 확인한다.
② 수령인이 물품의 수하인과 다른 경우 반드시 수하인과의 관계를 기재하도록 한다.
③ 인수증은 반드시 인수자 확인란에 수령인이 누구인지 인수자가 자필로 바르게 적도록 한다.
④ 물품 인도일 기준으로 2년 이내 인수근거요청이 있으면 입증 자료를 제시할 수 있어야 한다.

물품 인도일 기준으로 1년 이내 인수근거요청이 있으면 입증 자료를 제시할 수 있어야 한다.

29

운송장에 기록해야 할 사항으로 옳지 않은 것은?

① 화물명
② 집하자 날인
③ 면책사항
④ 화물의 가격

> 운송장에 기록해야 할 사항은 집하자 날인이 아니라 인수자 날인이다.

30

전자제품 등의 기능 저하를 방지하기 위해 필요한 포장방법으로 알맞은 것은?

① 진공포장
② 완충포장
③ 방수포장
④ 방습포장

> 방습포장은 정밀기기(전자제품 등)의 기능 저하 및 식료품, 섬유제품 및 피혁제품 등의 곰팡이 발생을 방지하고 금속제품 표면의 변색을 방지한다. 또한 비료, 시멘트, 농약, 공업약품 등이 흡습에 의해 부피가 늘어나는 것(팽윤, 膨潤), 고체가 저절로 녹는 것(조해, 潮解), 액체가 굳어지는 것(응고, 凝固)을 방지한다.

31

고객 유의사항 확인 요구 물품이 아닌 것은?

① 중고 가전제품
② 파손 우려 물품
③ 박스 포장된 10kg의 책
④ 기계류로 40kg 초과 물품

> 고객 유의사항 확인 요구 물품
> 1) 중고 가전제품 및 A/S용 물품
> 2) 기계류, 장비 등 중량 고가물로 40kg 초과 물품
> 3) 포장 부실물품 및 무포장 물품(비닐포장 또는 쇼핑백 등)
> 4) 파손 우려 물품 및 내용검사가 부적당하다고 판단되는 부적합 물품

32

다음 중 수작업 운반이 적합한 것은?

① 단순하고 반복적인 작업
② 취급물품이 중량물인 작업
③ 취급물품의 형상, 성질, 크기 등이 일정하지 않은 작업
④ 표준화되어 있어 지속적으로 운반량이 많은 작업

> 두뇌작업이 필요한 작업, 얼마동안 시간 간격을 두고 되풀이되는 소량 취급 작업, 취급물품의 형상, 성질, 크기 등이 일정하지 않은 작업, 취급물품이 경량물인 작업은 수작업 운반이 적합하다.
> ①·②·④ 기계작업 운반이 적합한 경우

33

다음 ( ) 안에 들어갈 숫자의 합은 얼마인가?

- 사업자의 책임 있는 사유로 계약을 해제한 경우 사업자가 약정된 이사화물의 인수일 1일 전까지 해제를 통지한 때 고객이 받을 수 있는 손해배상액 : 계약금의 ( )배액
- 사업자의 책임 있는 사유로 계약을 해제한 경우 사업자가 약정된 이사화물의 인수일 당일에도 해제를 통지하지 않았을 때 고객이 받을 수 있는 손해배상액 : 계약금의 ( )배액

① 12
② 13
③ 14
④ 15

> 사업자의 책임 있는 사유로 계약을 해제한 경우 사업자가 약정된 이사화물의 인수일 1일 전까지 해제를 통지한 때 고객이 받을 수 있는 손해배상액은 계약금의 4배액이고, 사업자의 책임 있는 사유로 계약을 해제한 경우 사업자가 약정된 이사화물의 인수일 당일에도 해제를 통지하지 않았을 때 고객이 받을 수 있는 손해배상액은 계약금의 10배액이다.

34

이사화물의 멸실, 훼손 또는 연착 시 면책되기 위해 사업자가 자신의 책임이 없음을 입증해야 하는 경우에 해당하는 것은?

① **이사화물의 결함**
② 이사화물의 성질에 의한 부패, 변색
③ 천재지변 등 불가항력적인 사유
④ 이사화물의 성질에 의한 발화

> 이사화물의 결함, 자연적 소모, 법령 또는 공권력의 발동에 의한 운송의 금지, 개봉, 몰수, 압류 또는 제3자에 대한 인도의 경우에는 이사화물 표준약관상 이사화물의 멸실, 훼손 또는 연착 시 면책되기 위해 사업자가 자신의 책임이 없음을 입증해야 한다.

35

다음 ( ) 안에 들어갈 숫자를 순서대로 바르게 나열한 것은?

> 차량호송 시 고속도로 운행허가차량에는 적재물을 포함하여 차폭 ( )m 또는 길이 ( )m를 초과하는 차량으로서 운행상 호송이 필요하다고 인정되는 경우, 구조물통과 하중계산서를 필요로 하는 중량제한차량, 주행속도 ( )km/h 미만인 차량의 경우 등이 있다.

① 2.6 - 15 - 50
② **3.6 - 20 - 50**
③ 4.6 - 25 - 60
④ 5.6 - 30 - 60

> 차량호송 시 고속도로 운행허가차량에는 적재물을 포함하여 차폭 3.6m 또는 길이 20m를 초과하는 차량으로서 운행상 호송이 필요하다고 인정되는 경우, 구조물통과 하중계산서를 필요로 하는 중량제한차량, 주행속도 50km/h 미만인 차량의 경우 등이 있다.

36

파렛트 화물 사이에 생기는 틈을 메꾸는 재료로 알맞지 않은 것은?

① 합판
② **석고**
③ 에어백
④ 발포 스티롤판

> 파렛트 화물 사이의 틈을 메꾸는 재료에는 합판, 발포 스티롤판, 에어백이 있다.

37

택배 표준약관상 다음의 ㉠ ~ ㉢ 조건에 모두 해당하는 운송물의 경우 사업자의 손해배상액으로 옳은 것은?

> ㉠ 고객(송하인)이 운송장에 운송물의 가액을 기재한 경우
> ㉡ 연착되고 일부 멸실 및 훼손되지 않은 경우
> ㉢ 특정 일시에 사용할 운송물이었던 경우

① 운송장기재운임액의 50% 지급
② 운송장기재운임액의 80% 지급
③ 운송장기재운임액의 100% 지급
④ **운송장기재운임액의 200% 지급**

> 고객이 운송장에 운송물의 가액을 기재한 경우, 연착되고 일부 멸실 및 훼손되지 않은 때에도 특정 일시에 사용할 운송물이었던 경우라면 운송장기재운임액의 200%를 지급해야 한다.

38

다음은 일반화물의 취급 표지의 실제 적용 예이다. 이 취급 표지의 의미로 옳은 것은?

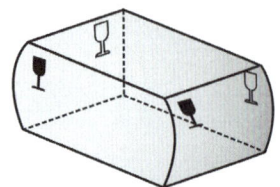

① 비를 맞으면 안 되는 포장 화물
② 내용물이 깨지기 쉬운 것이므로 주의하여 취급할 것
③ 굴려서는 안 되는 화물을 표시
④ 태양의 직사광선에 화물을 노출시켜서는 안 됨

| 젖음 방지 | 굴림 방지 | 직사광선 금지 |

39

화물대를 기울여 적재물을 중력으로 쉽게 미끄러지게 내리는 구조의 특수 장비 자동차의 명칭으로 옳은 것은?

① 덤프차   ② 탱크차
③ 레커차   ④ 보닛 트럭

② 탱크차 : 탱크모양의 용기와 펌프 등을 갖추고 오로지 물, 휘발유와 같은 액체를 수송하는 특수 장비 자동차
③ 레커차 : 크레인 등을 갖추고, 고장차의 앞 또는 뒤를 매달아 올려서 수송하는 특수 장비 자동차
④ 보닛 트럭 : 원동기부의 덮개가 운전실의 앞쪽에 나와 있는 트럭

40

택배 표준약관상 다음 (   ) 안에 들어갈 내용으로 알맞은 것은?

> 운송물의 일부 멸실, 훼손 또는 연착에 대한 사업자의 손해배상책임은 고객(수하인)이 운송물을 수령한 날로부터 1년이 경과하면 소멸하며 운송물이 전부 멸실된 경우에는 그 (   )로부터 기산한다.

① 수령예정일
② 인도예정일
③ 운송물의 수탁일
④ 전부 멸실 통지일

운송물의 일부 멸실, 훼손 또는 연착에 대한 사업자의 손해배상책임은 수하인이 운송물을 수령한 날로부터 1년이 경과하면 소멸하며 운송물이 전부 멸실된 경우에는 그 인도예정일로부터 기산한다.

3 안전운행요령

41

다음 교통사고의 요인 중에서 종류가 다른 하나는?

① 운전자의 지능
② 운전자의 성격
③ 운전조작의 잘못
④ 운전자의 심신기능

교통사고의 직접적 요인에는 사고 직전 과속과 같은 법규위반, 위험인지의 지연, 운전조작의 잘못, 잘못된 위기대처 등이 있다.
① · ② · ④ 교통사고의 중간적 요인

⭐⭐⭐ 42

운전자의 착각 중에서 다음에서 설명하는 것은?

> 작은 것과 덜 밝은 것은 멀리 있는 것으로 느껴진다.

① 크기의 착각
② 경사의 착각
③ 속도의 착각
④ **원근의 착각**

> 운전자의 착각 중에서 작은 것과 덜 밝은 것이 멀리 있는 것으로 느껴지는 것은 원근의 착각이다.

⭐ 43

어린이의 발달단계 중에서 논리적 사고가 발달하고 다소 부족하지만 성인 수준에 근접해 가는 수준을 갖추고 보행자로서 교통에 참여 가능한 연령은 언제인가?

① 2세 미만
② 2세 ~ 7세
③ 7세 ~ 12세
④ **12세 이상**

> 형식적 조작단계는 12세 이상의 연령으로 대개 초등학교 6학년 이상에 해당하며 논리적 사고가 발달하고 다소 부족하지만 성인 수준에 근접해 가는 수준을 갖추고 보행자로서 교통에 참여하는 것이 가능하다.

⭐⭐ 44

도로요인 중에서 안전시설에 포함되지 않는 것은?

① 신호기
② 노면표시
③ **도로의 선형**
④ 방호울타리

> 도로요인 중 안전시설에는 신호기, 노면표시, 방호울타리 등 도로의 안전시설에 관한 것이 포함되고, 도로의 선형은 도로 구조에 포함된다.

⭐⭐ 45

도로가 되기 위한 4가지 조건 중에서 다음에서 설명하고 있는 것은?

> 공중교통에 이용되고 있는 불특정 다수인 및 예상할 수 없을 정도로 바뀌는 숫자의 사람을 위해 이용이 허용되고 실제 이용되고 있는 곳

① 형태성
② 이용성
③ **공개성**
④ 교통경찰권

> 일반적으로 도로가 되기 위한 4가지 조건에는 형태성, 이용성, 공개성, 교통경찰권이 있다.

⭐⭐⭐ 46

자동차 주행 중에 핸들 조작이 용이하도록 하는 앞바퀴 정렬과 관계 깊은 것은?

① ABS
② 휠
③ **토우인**
④ 바운싱

> 토우인(Toe-in)은 앞바퀴를 위에서 보았을 때 앞쪽이 뒤쪽보다 좁은 상태로 타이어의 마모를 방지하기 위해 있는 것인데 바퀴를 원활하게 회전시켜서 핸들의 조작을 용이하게 한다.

47

야간시력과 주시대상에 대한 설명으로 옳지 않은 것은?

① 중앙선에 있는 통행인은 주간과 야간에 모두 쉽게 확인할 수 있다.
② 야간운전 시 운전자가 눈으로 확인할 수 있는 시야의 범위가 좁아진다.
③ 보행자와 자동차의 통행이 빈번한 도로에서는 항상 전조등의 방향을 하향으로 하여 운행하여야 한다.
④ 전방이나 좌우 확인이 어려운 신호등 없는 교차로에서는 전조등으로 자기 차가 진입하고 있음을 알려야 사고를 방지할 수 있다.

> 주간의 경우 운전자는 중앙선에 있는 통행인을 갓길에 있는 사람보다 쉽게 확인할 수 있지만, 야간에는 대향차량 간의 전조등에 의한 현혹현상(눈부심 현상)으로 중앙선상의 통행인을 우측 갓길에 있는 통행인보다 확인하기 어렵다.

48

중앙분리대의 기능에 대한 설명으로 옳지 않은 것은?

① 대향차의 현광 방지
② 상하 차도의 교통 분리
③ 필요에 따라 유턴 방지
④ 방호울타리형 중앙분리대의 경우 사고 및 고장 차량이 정지할 수 있는 여유공간 제공

> 광폭 중앙분리대는 도로선형의 양방향 차로가 완전히 분리될 수 있는 충분한 공간확보로 대향차량의 영향을 받지 않을 정도의 넓이를 제공하여 사고 및 고장 차량이 정지할 수 있는 여유공간을 제공한다.

49

자동차를 가속시키거나 감속시키기 위해 설치하는 차로를 의미하는 것은?

① 길어깨
② 회전차로
③ 변속차로
④ 횡단경사

① 길어깨 : 도로를 보호하고 비상시에 이용하기 위해 차도에 접속하여 설치하는 도로의 부분
② 회전차로 : 자동차가 우회전, 좌회전 또는 유턴을 할 수 있도록 직진하는 차로와 분리하여 설치하는 차로
④ 횡단경사 : 도로의 진행방향에 직각으로 설치하는 경사로서 도로의 배수를 원활하게 하기 위하여 설치하는 경사와 평면곡선부에 설치하는 편경사

50

시야에 대한 설명으로 옳지 않은 것은?

① 정상적인 시력을 가진 사람의 시야범위는 150°~180°이다.
② 정지한 상태에서 눈의 초점을 고정시키고 양쪽 눈으로 볼 수 있는 범위이다.
③ 시야범위 안에 있는 대상물이라 하더라도 시축에서 벗어나는 시각에 따라 시력이 저하된다.
④ 한 쪽 눈의 시야는 좌우 각각 약 160° 정도이며 양쪽 눈으로 색채를 식별할 수 있는 범위는 약 70°이다.

> 정지한 상태에서 눈의 초점을 고정시키고 양쪽 눈으로 볼 수 있는 범위를 시야라고 하며 정상적인 시력을 가진 사람의 시야범위는 180°~200°이다.

51

방어운전을 위해 주행 시 속도조절 방법에 대한 설명으로 옳지 않은 것은?

① 교통량이 많은 곳에서는 속도를 줄여서 주행한다.
② 주행하는 차들과 물 흐르듯 속도를 맞추어 주행한다.
③ 노면의 상태가 나쁜 도로에서는 속도를 줄여서 주행한다.
④ 곡선반경이 작은 도로에서는 속도를 높여서 빠르게 통과한다.

> 곡선반경이 작은 도로나 신호의 설치간격이 좁은 도로에서는 속도를 낮추어 안전하게 통과한다.

52

중간적 음주자가 음주 후 체내 알코올 농도가 정점에 도달하는 때로 옳은 것은?

① 음주 30분 후
② 음주 50분 후
③ 음주 후 30분에서 60분 사이
④ **음주 후 60분에서 90분 사이**

> 매일 알코올을 접하는 습관성 음주자는 음주 30분 후에 체내 알코올 농도가 정점에 도달하게 되며, 중간적 음주자는 음주 후 60분에서 90분 사이에 체내 알코올 농도가 정점에 도달하게 된다.

53

어린이 교통사고의 특징으로 옳지 않은 것은?

① 어릴수록, 학년이 낮을수록 교통사고가 많이 발생한다.
② 보행 중 교통사고를 당하여 사망하는 비율이 가장 높다.
③ **시간대별 어린이 보행 사상자는 오후 2시에서 오후 4시 사이에 가장 많다.**
④ 보행 중 사상자는 집이나 학교 근처 등 어린이 통행이 잦은 곳에서 가장 많이 발생한다.

> 시간대별 어린이 보행 사상자는 오후 4시에서 오후 6시 사이에 가장 많다.

54

위험물 운송 시 차량에 고정된 탱크의 안전운행을 위해 운행 전 차량을 점검하는 경우 점검 부분이 다른 하나는?

① 냉각 수량의 적정 유무
② 기름량의 적정 유무
③ **접속부의 조임과 헐거움의 정도**
④ 라디에이터 캡의 부착상태의 적정 유무

> 차량의 동력전달장치 부분은 접속부의 조임과 헐거움의 정도, 접속부의 이완 유무, 접속부의 손상 유무 등을 점검한다.
> ①·②·④ 엔진 관련 부분

55

고속도로 및 자동차전용도로에서의 안전띠 착용방법에 대한 설명으로 옳지 않은 것은?

① 전 좌석 안전띠 착용이 의무사항이다.
② 등받이를 바로 세운다.
③ 어깨끈이 머리에 닿지 않도록 조심한다.
④ **허리 쪽은 골반뼈에 밀착시키지 말고 복부에 매도록 한다.**

> 고속도로 및 자동차전용도로에서는 전 좌석 안전띠 착용이 의무사항인데, 안전띠 착용 시 허리 쪽은 복부에 매지 말고 골반뼈에 밀착시킨다.

56

교통사고 발생 시 2차사고 방지를 위한 안전행동요령으로 옳지 않은 것은?

① 신속히 비상등을 켜고 다른 차의 소통에 방해가 되지 않도록 갓길로 차량을 이동시킨다.
② 후방에서 접근하는 차량의 운전자가 쉽게 확인할 수 있도록 고장자동차의 표지를 한다.
③ **운전자와 탑승자는 안전하게 차량 내 또는 주변에서 기다리도록 한다.**
④ 경찰관서, 소방관서, 한국도로공사 콜센터로 연락하여 도움을 요청한다.

> 운전자와 탑승자가 차량 내 또는 주변에 있는 것은 위험하므로 가드레일 밖 등 안전한 장소로 대피한다.

57

제동장치의 종류 중에서 주행 중에 발로써 조작하는 주 제동장치인 것은?

① ABS
② 풋 브레이크
③ 주차 브레이크
④ 엔진 브레이크

> 풋 브레이크는 주행 중에 발로써 조작하는 주 제동장치로, 브레이크 페달을 밟으면 휠 실린더의 피스톤에 의해 브레이크 라이닝을 밀어주어 타이어와 함께 회전하는 드럼을 잡아 멈추게 한다.

58

고속도로의 터널에서 화재가 발생한 경우 행동요령으로 옳지 않은 것은?

① 엔진을 끄고 키를 뺀 후에 신속하게 이동한다.
② 터널 밖으로 이동이 불가능한 경우라면 최대한 갓길 쪽으로 정차한다.
③ 사고 차량에 부상자가 있다면 도움이 될 수 있는 조치를 한다.
④ 조기 진화가 불가능한 경우라면 젖은 수건 등으로 코와 입을 막고 낮은 자세로 신속히 터널 외부로 대피한다.

> 고속도로의 터널 내에서 화재가 발생한 경우 운전자는 차량과 함께 터널 밖으로 신속히 이동해야 하지만 이동이 불가능한 경우라면 최대한 갓길에 정차하고 엔진을 끈 후 키를 꽂아둔 채 신속하게 하차한다.

59

주행장치인 타이어의 역할로 옳지 않은 것은?

① 자동차의 중량을 떠받쳐 준다.
② 핸들 조작을 가볍게 한다.
③ 자동차의 진행방향을 전환시킨다.
④ 휠의 림에 끼워져서 일체로 회전하며 자동차가 달리거나 멈추는 것을 원활하게 한다.

> 타이어의 역할
> 1) 휠의 림에 끼워져서 일체로 회전하며 자동차가 달리거나 멈추는 것을 원활하게 한다.
> 2) 자동차의 중량을 떠받쳐 주고, 지면으로부터 받는 충격을 흡수해 승차감을 좋게 한다.
> 3) 자동차의 진행방향을 전환시킨다.

60

다음에서 설명하는 현상은 무엇인가?

> 자동차를 제동할 때 바퀴는 정지하려하고 차체는 관성에 의해 이동하려는 성질 때문에 앞 범퍼 부분이 내려가는 현상

① 노즈 업
② 노즈 다운
③ 모닝 록
④ 베이퍼 록

> 자동차를 제동할 때 바퀴는 정지하려 하고 차체는 관성에 의해 이동하려는 성질 때문에 앞 범퍼 부분이 내려가는 현상을 노즈 다운(Nose down) 현상이라고 한다.

61

자동차의 이상 징후 판별 시 느슨함, 흔들림 등을 점검할 수 있는 방법으로 옳은 것은?

① 시각
② 청각
③ 촉각
④ 후각

> 자동차의 이상 징후 판별 시 느슨함, 흔들림, 발열 상태 등은 촉각을 통해 점검할 수 있는데, 구체적인 적용사례로는 볼트 너트의 이완, 유격, 브레이크 작동 시 차량이 한쪽으로 쏠림, 전기 배선 불량 등의 문제들이 있다.

62

판 스프링(Leaf spring)의 특징으로 옳지 않은 것은?

① 내구성이 작다.
② 구조가 간단하나 승차감이 나쁘다.
③ 판간 마찰력을 이용하여 진동을 억제하나 작은 진동을 흡수하기에는 적합하지 않다.
④ 너무 부드러운 판스프링을 사용하면 차축의 지지력이 부족하여 차체가 불안정하다.

> 판 스프링(Leaf spring)은 유연한 금속 층을 함께 붙인 것으로 차축은 스프링의 중앙에 놓이게 되고 스프링의 앞과 뒤가 차체에 부착된다. 주로 화물자동차에 사용되는데 내구성이 크다.

63

교차로에서의 안전운전방법에 대한 설명으로 옳지 않은 것은?

① 언제든 정지할 수 있는 준비를 하고 주행한다.
② 신호를 대기할 때에는 브레이크 페달에 발을 올려놓는다.
③ 신호등이 없는 교차로의 경우 통행의 우선순위에 따라 주의하며 운행한다.
④ 신호가 바뀌면 지체하지 말고 바로 출발한다.

> 교차로 사고의 대부분은 신호가 바뀌는 순간에 발생하므로 반대편 도로의 교통 전반을 살피면서 1~2초의 여유를 두고 서서히 출발한다.

64

다음 중 용어의 설명이 틀린 것은?

① 분리대 : 도로를 보호하고 비상시에 이용하기 위해 차도에 접속하여 설치하는 도로의 부분
② 종단경사 : 도로의 진행방향 중심선의 길이에 대한 높이의 변화 비율
③ 편경사 : 평면곡선부에서 자동차가 원심력에 저항할 수 있도록 하기 위해 설치하는 횡단경사
④ 오르막차로 : 오르막 구간에서 저속 자동차를 다른 자동차와 분리하여 통행시키기 위해 설치하는 차로

> 도로를 보호하고 비상시에 이용하기 위해 차도에 접속하여 설치하는 도로의 부분은 길어깨라고 한다. 분리대는 차도를 통행의 방향에 따라 분리하거나 성질이 다른 같은 방향의 교통을 분리하기 위하여 설치하는 도로의 부분이나 시설물을 말한다.

65

실전 방어운전방법으로 옳지 않은 것은?

① 운전자는 앞차의 전방까지 시야를 멀리 둔다.
② 뒤에 다른 차가 접근해 올 때에는 속도를 높인다.
③ 진로를 바꿀 때는 상대방이 잘 알 수 있도록 여유 있게 신호를 보낸다.
④ 앞차를 뒤따라 갈 때는 앞차가 급제동을 하더라도 추돌하지 않도록 차간거리를 충분히 유지한다.

> 뒤에 다른 차가 접근해 올 때는 속도를 낮추고 뒤차가 앞지르기를 하려고 하면 양보해 준다. 뒤차가 바싹 뒤따라올 때는 가볍게 브레이크 페달을 밟아 제동등을 켠다.

4 운송서비스

66

운전자가 가져야 할 기본적인 자세에 대한 설명으로 옳지 않은 것은?

① 교통법규의 이해와 준수
② 심신상태의 안정
③ 저공해 등 환경보호와 소음공해 최소화
④ 교통상황 분석에 따른 추측운전의 생활화

> 운전자는 자기에게 유리한 판단이나 행동은 삼가야 하며, 조그마한 의심이라도 반드시 안전을 확인한 후 행동으로 옮겨야 하므로 추측운전은 삼가야 한다.

67

인터넷유통에서의 물류원칙이 아닌 것은?

① 적정수요 예측
② **적정비용 예측**
③ 배송기간의 최소화
④ 반송과 환불시스템

> 인터넷유통에서의 물류원칙으로는 적정수요 예측, 배송기간의 최소화, 반송과 환불시스템이 있다.

68

물류에 대한 개념적 관점에서의 물류의 역할 중에서 다음에서 설명하는 관점으로 옳은 것은?

> 생산, 소비, 금융, 정보 등 우리 인간이 주체가 되어 수행하는 경제활동의 일부분으로 운송, 통신, 상업활동을 주체로 하며 이들을 지원하는 제반활동을 포함한다.

① **사회경제적 관점**
② 개별기업적 관점
③ 국민경제적 관점
④ 고객서비스적 관점

> 물류에 대한 개념적 관점에서의 물류의 역할에 대해 국민경제적 관점, 사회경제적 관점, 개별기업적 관점에서 설명할 수 있다.

69

물류의 기능 중에서 제품이나 상품의 부가가치를 높이기 위한 물류활동에 해당하는 것은?

① 운송기능
② 포장기능
③ 보관기능
④ **유통가공기능**

> 물류의 기능 중에서 유통가공기능은 물품의 유통과정에서 물류효율을 향상시키기 위하여 가공하는 활동으로, 단순가공, 재포장 또는 조립 등 제품이나 상품의 부가가치를 높이기 위한 물류활동이다.

70

두 개의 정책목표 가운데 하나를 달성하려고 하면 다른 목표의 달성이 늦어지거나 희생되는 경우 양자 간의 관계를 의미하는 용어를 무엇이라고 하는가?

① 유닛화(unitization)
② 재창조(Reinvention)
③ **트레이드오프(trade-off)**
④ 로지스틱스(Logistics)

> 트레이드오프(trade-off)는 두 개의 정책목표 가운데 하나를 달성하려고 하면 다른 목표의 달성이 늦어지거나 희생되는 경우 양자 간의 관계를 의미한다.

71

집하 및 배달 시 고객응대예절에 대한 설명으로 옳지 않은 것은?

① **2개 이상의 화물은 번거롭게 분리하지 말고 결박한다.**
② 취급제한 물품은 그 취지를 알리고 정중히 집하를 거절한다.
③ 수하인 주소가 불명확할 경우 사전에 정확한 위치를 확인 후 출발한다.
④ 인수증 서명은 반드시 정자로 실명 기재 후 받는다.

> 2개 이상의 화물은 반드시 분리 집하해야 하며 결박화물은 집하가 금지된다.

72 ★★

물류전략의 8가지 핵심영역 중에서 원·부자재 공급에서부터 완제품의 유통까지 흐름을 최적화하는 것과 관계 깊은 것은?

① 공급망설계
② 조직·변화관리
③ 정보·기술관리
④ **로지스틱스 네트워크전략 구축**

> 물류전략의 8가지 핵심영역 중에서 구조설계에 해당하는 로지스틱스 네트워크전략 구축은 원·부자재 공급에서부터 완제품의 유통까지 흐름을 최적화한다.

73 ★★★

다음 중 화주기업이 외부의 전문물류업체에게 물류업무를 아웃소싱하는 것은?

① 제1자 물류
② 제2자 물류
③ **제3자 물류**
④ 제4자 물류

> 화주기업이 외부의 전문물류업체에게 물류업무를 장기적으로 아웃소싱하는 것을 제3자 물류라고 한다.

74 ★★

배송의 개념과 거리가 먼 것은?

① 기업과 고객 간 이동
② **지역 간 화물의 이동**
③ 단거리 소량화물의 이동
④ 다수의 목적지를 순회하면서 소량 운송

> 배송은 지역 내 화물의 이동이 이루어지고, 수송은 지역 간 화물의 이동이 이루어진다.

75 ★

화물자동차 운송의 효율성 지표 중에서 주행거리에 대해 화물을 싣지 않고 운행한 거리의 비율을 의미하는 것은?

① 가동률
② 실차율
③ 적재율
④ **공차거리율**

> ① 가동률 : 화물자동차가 일정기간에 걸쳐 실제로 가동한 일수
> ② 실차율 : 주행거리에 대해 실제로 화물을 싣고 운행한 거리의 비율
> ③ 적재율 : 최대 적재량 대비 적재된 화물의 비율

76 ★

수배송활동의 각 단계별 물류정보처리 기능 중에서 통제에 해당하는 것은?

① **운임계산**
② 배송지시
③ 배송지역 결정
④ 발송정보 착하지에의 연락

> 수배송활동의 각 단계별 물류정보처리 기능 중에서 통제에 해당하는 것은 운임계산, 자동차 적재효율 분석, 자동차 가동률 분석, 반품운임 분석, 빈 용기운임 분석, 오송 분석, 교착수송 분석, 사고 분석 등이다.
> ②·④ 실시, ③ 계획

77

신속대응(QR)을 활용함으로써 소매업자가 얻을 수 있는 혜택으로 옳은 것은?

① 정확한 수요예측
② **높은 상품회전율**
③ 상품의 다양화
④ 품질 개선

> 신속대응(QR)을 활용함으로써 소매업자는 유지비용의 절감, 고객 서비스의 제고, 높은 상품회전율, 매출과 이익 증대 등의 혜택을 얻을 수 있다.
> ① 제조업자가 얻는 혜택, ③·④ 소비자가 얻는 혜택

78

택배운송 등 소량화물운송용의 집배 자동차가 적재능력, 주행성, 하역의 효율성, 승강의 용이성 등의 각종 요건을 충족시키기를 바라는 요청에서 출현한 것은?

① 카고트럭
② 전용 특장차
③ 합리화 특장차
④ **델리베리카(워크트럭차)**

> 택배운송 등 소량화물운송용의 집배 자동차는 적재능력, 주행성, 하역의 효율성, 승강의 용이성 등의 각종 요건을 충족시키지 않으면 아니 되는데, 이러한 요청에서 출현한 것이 델리베리카(워크트럭차)이다.

79

세계적인 미래학자이자 경영학자인 피터 드러커(P. Drucker)는 "아직도 비용을 절감할 수 있는 엄청난 미개척 영역이 남아 있다"고 표현하였는데, 여기서 미개척 영역이 의미하는 것은?

① **물류**
② 유통
③ 서비스
④ 정보관리

> 세계적인 미래학자이자 경영학자인 피터 드러커(P. Drucker)는 "아직도 비용을 절감할 수 있는 엄청난 미개척 영역이 남아 있다"고 하면서 미개척 영역인 (기업)물류의 중요성을 강조하였다.

80

국내 화주기업 물류의 문제점으로 옳지 않은 것은?

① 시설 간·업체 간 표준화 미약
② 제조·물류업체 간 협조성 미비
③ **제3자 물류기능의 활성화**
④ 각 업체의 독자적 물류기능 보유

> 국내 화주기업 물류의 문제점
> 1) 각 업체의 독자적 물류기능 보유(합리화 장애)
> 2) 제3자 물류기능의 약화(제한적·변형적 형태)
> 3) 시설 간·업체 간 표준화 미약
> 4) 제조·물류업체 간 협조성 미비
> 5) 물류 전문업체의 물류인프라 활용도 미약

단끝 최빈출 실전 50제

CHAPTER 01 단끝 최빈출 실전 50제

빈출 01 #차로

차로에 대한 설명으로 옳은 것은?

① 자동차만 다닐 수 있도록 설치된 도로
② 차로와 차로를 구분하기 위하여 그 경계지점을 안전표지로 표시한 선
③ 자동차의 고속 운행에만 사용하기 위하여 지정된 도로
④ 차마가 한 줄로 도로의 정하여진 부분을 통행하도록 차선으로 구분한 차도의 부분

---

① 자동차전용도로, ② 차선, ③ 고속도로

빈출 02 #이상기후 #운행속도

최고속도의 100분의 50을 줄인 속도로 운행해야 하는 경우가 아닌 것은?

① 노면이 얼어붙은 경우
② 눈이 20mm 이상 쌓인 경우
③ 비가 내려 노면이 젖어있는 경우
④ 폭우·폭설·안개 등으로 가시거리가 100m 이내인 경우

비가 내려 노면이 젖어있는 경우에는 최고속도의 100분의 20을 줄인 속도로 운행해야 한다.

빈출 03 #자동차전용도로 #속도

다음 중 자동차전용도로에서의 최고속도와 최저속도로 옳은 것은?

① 최고속도 : 90km/h, 최저속도 : 30km/h
② 최고속도 : 90km/h, 최저속도 : 50km/h
③ 최고속도 : 100km/h, 최저속도 : 30km/h
④ 최고속도 : 100km/h, 최저속도 : 50km/h

자동차전용도로에서의 최고속도는 90km/h, 최저속도는 30km/h이다.

빈출 04 #제2종 보통면허

제2종 보통면허로 운전할 수 있는 화물자동차의 기준으로 옳은 것은?

① 적재중량 4톤 이하의 화물자동차
② 적재중량 6톤 이하의 화물자동차
③ 적재중량 10톤 이하의 화물자동차
④ 적재중량 12톤 이하의 화물자동차

- 제1종 대형면허 : 화물자동차/특수자동차(대형·소형 견인차 및 구난차 제외)
- 제1종 보통면허 : 적재중량 12톤 미만의 화물자동차/총중량 10톤 미만의 특수자동차(구난차 등 제외)
- 제1종 소형면허 : 3륜화물자동차
- 제2종 보통면허 : 적재중량 4톤 이하의 화물자동차/총중량 3.5톤 이하의 특수자동차(구난차 등 제외)

빈출 05 #대기환경보전법 #입자상물질

대기환경보전법상 연소할 때에 생기는 유리 탄소가 주가 되는 미세한 입자상물질을 무엇이라고 하는가?

① 검댕
② **매연**
③ 먼지
④ 온실가스

---

① 검댕 : 연소할 때에 생기는 유리 탄소가 응결하여 입자의 지름이 1미크론 이상이 되는 입자상물질
③ 먼지 : 대기 중에 떠다니거나 흩날려 내려오는 입자상물질
④ 온실가스 : 적외선 복사열을 흡수하거나 다시 방출하여 온실효과를 유발하는 대기 중의 가스상 물질로 이산화탄소, 메탄, 아산화질소, 수소불화탄소, 과불화탄소, 육불화황을 말함

빈출 06 #도로교통법 #도로

도로교통법상 도로에 해당하지 않는 것은?

① **군부대 내 도로**
② 도로법에 따른 도로
③ 유료도로법에 따른 유료도로
④ 농어촌도로 정비법에 따른 농어촌도로

군부대 내 도로는 도로교통법상 도로에 해당하지 않는다. ②·③·④ 외에도 그 밖에 현실적으로 불특정 다수의 사람 또는 차마가 통행할 수 있도록 공개된 장소로서 안전하고 원활한 교통을 확보할 필요가 있는 장소도 도로교통법상 도로에 해당한다.

빈출 07 #차령기산일

자동차관리법 시행령에 따르면 제작연도에 등록된 자동차의 차령기산일은 언제인가?

① 등록 당일
② 자동차 매매일
③ 제작연도의 말일
④ **최초의 신규등록일**

제작연도에 등록된 자동차의 차령기산일은 최초의 신규등록일이며, 제작연도에 등록되지 아니한 자동차의 차령기산일은 제작연도의 말일이다.

빈출 08 #저공해자동차 #저공해건설기계

대기환경보전법상 저공해자동차 또는 저공해건설기계로의 전환 또는 개조 명령, 배출가스저감장치의 부착·교체 명령을 이행하지 않은 경우의 과태료로 옳은 것은?

① 500만원 이하의 과태료
② **300만원 이하의 과태료**
③ 200만원 이하의 과태료
④ 100만원 이하의 과태료

대기환경보전법상 저공해자동차 또는 저공해건설기계로의 전환 또는 개조 명령, 배출가스저감장치의 부착·교체 명령 또는 배출가스 관련 부품의 교체 명령, 저공해엔진(혼소엔진을 포함한다)으로의 개조 또는 교체 명령을 이행하지 않은 경우에는 300만원 이하의 과태료를 부과한다.

빈출 09 #서행

다음 중 서행해야 하는 경우가 아닌 것은?

① 도로가 구부러진 부근
② 안전지대에 보행자가 있는 경우
③ 교차로에서 좌·우회전하는 경우
④ 어린이, 시각장애인, 지체장애인, 노인 등이 도로를 횡단할 때

어린이, 시각장애인, 지체장애인, 노인 등이 도로를 횡단할 때에는 일시정지해야 한다. 서행해야 하는 경우는 교통정리를 하고 있지 아니하는 교차로, 도로가 구부러진 부근, 비탈길의 고갯마루 부근, 가파른 비탈길의 내리막, 시·도경찰청장이 도로에서의 위험을 방지하고 교통의 안전과 원활한 소통을 확보하기 위하여 필요하다고 인정하여 안전표지로 지정한 곳, 교차로에서 좌·우회전하는 경우, 안전지대에 보행자가 있는 경우, 차로가 아닌 좁은 도로에서 보행자 옆을 지나는 경우 등이 있다.

빈출 11 #화물자동차 #적재중량

화물자동차 운수사업법상 운송사업자의 허가사항 변경 신고 대상이 아닌 것은?

① 운전자의 변경
② 화물취급소의 설치 및 폐지
③ 주사무소, 영업소의 이전
④ 상호의 변경

운전자의 변경은 화물자동차 운수사업법상 운송사업자의 허가사항 변경신고 대상이 아니다. 화물자동차 운수사업법상 운송사업자의 허가사항 변경신고 대상이 되는 것은 화물취급소의 설치 및 폐지, 주사무소, 영업소의 이전(단, 주사무소의 경우 관할관청의 행정구역 내에서의 이전만 해당), 상호의 변경, 대표자의 변경(법인인 경우만 해당), 화물자동차의 대폐차이다.

빈출 10 #벌점

다음 중 벌점 30점이 부과되는 경우가 아닌 것은?

① 통행구분 위반(중앙선침범에 한함)
② 속도위반(60km/h 초과)
③ 철길 건널목 통과방법 위반
④ 고속도로·자동차전용도로 갓길통행

속도위반 60km/h 초과 80km/h 이하는 벌점 60점이 부과되며, 속도위반 40km/h 초과 60km/h 이하는 벌점 30점이 부과된다.

빈출 12 #화물운송자격증명

화물자동차 운수사업법상 화물운송자격증명을 항상 게시해야 하는 곳은?

① 운전석 앞 창의 왼쪽 위
② 운전석 앞 창의 오른쪽 위
③ 운전석 앞 창의 왼쪽 아래
④ 운전석 앞 창의 오른쪽 아래

운송사업자는 화물자동차 운전자에게 화물운송 종사자격증명을 화물자동차 밖에서 쉽게 볼 수 있도록 운전석 앞 창의 오른쪽 위에 항상 게시하고 운행하도록 하여야 한다.

빈출 13   #교통사고처리특례법 #특례 적용

교통사고처리특례법의 특례 적용이 배제되는 경우가 아닌 것은?

① 중앙선침범
② 무면허운전사고
③ 속도위반(10km/h 초과) 과속사고
④ 승객추락 방지의무 위반사고

교통사고처리특례법의 특례 적용이 배제되는 경우에 해당하는 것은 속도위반(20km/h 초과) 과속사고이다.

빈출 14   #교통사고처리특례법 #도주사고

교통사고처리특례법상 도주사고에 해당하는 경우가 아닌 것은?

① 사상 사실을 인식하고도 가버린 경우
② 피해자를 방치한 채 사고현장을 이탈 도주한 경우
③ 부상피해자에 대한 적극적인 구호조치 없이 가버린 경우
④ 피해자가 부상 사실이 없거나 극히 경미하여 구호조치가 필요치 않는 경우

피해자가 부상 사실이 없거나 극히 경미하여 구호조치가 필요치 않는 경우, 교통사고 가해운전자가 심한 부상을 입어 타인에게 의뢰하여 피해자를 후송 조치한 경우 등은 도주사고에 해당하지 않는다.

빈출 15   #종합검사 #유효기간

다음 중 차령이 2년 초과인 사업용 대형화물자동차의 종합검사 유효기간은?

① 6개월
② 1년
③ 1년 6개월
④ 2년

차령이 2년 초과인 사업용 대형화물자동차의 종합검사 유효기간은 6개월이다.

빈출 16   #운송화물 #특별 품목

운송화물의 특별 품목에 대한 포장 시 유의사항으로 옳지 않은 것은?

① 손잡이가 있는 박스 물품의 경우 손잡이를 밖으로 접은 다음 테이프로 포장한다.
② 휴대폰 및 노트북 등 고가품의 경우 내용물이 파악되지 않도록 별도의 박스로 이중 포장한다.
③ 꿀 등을 담은 병제품의 경우 가능한 플라스틱 병으로 대체하거나 병이 움직이지 않도록 포장재를 보강하여 낱개로 포장한 뒤 박스로 포장하여 집하한다.
④ 서류 등 부피가 작고 가벼운 물품의 경우 작은 박스에 넣어 포장한다.

손잡이가 있는 박스 물품의 경우 손잡이를 안으로 접어 사각이 되게 한 다음 테이프로 포장한다.

빈출 17 #전용 특장차

적재함 구조에 따른 화물자동차의 종류 중에서 전용 특장차에 해당하지 않는 것은?

① 덤프트럭
② 믹서차량
③ 벌크차량
④ **시스템차량**

전용 특장차는 차량의 적재함을 특수한 화물에 적합하도록 구조를 갖추거나 특수한 작업이 가능하도록 기계장치를 부착한 차량으로 덤프트럭, 믹서차량, 벌크차량, 액체 수송차, 냉동차 등이 있다.

빈출 18 #운송장의 기능

다음 중 운송장의 기능으로 옳지 않은 것은?

① **수입내용**
② 계약서 기능
③ 정보처리 기본자료
④ 운송요금 영수증 기능

운송장의 기능으로는 계약서 기능, 화물인수증 기능, 운송요금 영수증 기능, 정보처리 기본자료, 배달에 대한 증빙(배송에 대한 증거서류 기능), 수입금 관리자료, 행선지 분류정보 제공(작업지시서 기능) 등이 있다.

빈출 19 #파렛트 화물

파렛트의 가장자리를 높게 하여 포장화물을 안쪽으로 기울여, 화물이 갈라지는 것을 방지하는 방법을 무엇이라고 하는가?

① 밴드걸기 방식
② 풀 붙이기 접착 방식
③ **주연어프 방식**
④ 슈링크 방식

파렛트의 가장자리를 높게 하여 포장화물을 안쪽으로 기울여, 화물이 갈라지는 것을 방지하는 방법은 주연어프 방식이다. 주연어프 방식만으로는 화물이 갈라지는 것을 방지하기 어려우므로 다른 방법과 병용하여 안전을 확보하는 것이 효율적이다.

빈출 20 #운송장 부착요령

운송장 부착요령에 대한 설명으로 옳지 않은 것은?

① 운송장은 물품의 정중앙 상단에 뚜렷하게 보이도록 부착한다.
② 운송장을 화물포장 표면에 부착할 수 없는 소형, 변형 화물은 박스에 넣어 수탁한 후 부착한다.
③ **기존에 사용하던 박스를 사용하는 경우 구 운송장 위에 새로운 운송장을 부착한다.**
④ 취급주의 스티커의 경우 운송장 바로 우측 옆에 붙여서 눈에 띄게 한다.

기존에 사용하던 박스를 사용하는 경우에 구 운송장이 그대로 방치되면 물품의 오분류가 발생할 수 있으므로 반드시 구 운송장은 제거하고 새로운 운송장을 부착하여 1개의 화물에 2개의 운송장이 부착되지 않도록 해야 한다.

빈출 21　　　　　　　　　　　　　#포장기능

운송화물의 포장기능으로 볼 수 없는 것은?

① 보호성
② 표시성
③ 편리성
④ **보관성**

포장기능으로는 보호성, 표시성, 상품성, 편리성이 있다.

빈출 22　　　　　　　　　　　　#화물의 적재방법

화물의 적재방법에 대한 설명으로 옳지 않은 것은?

① 화물 종류별로 표시된 쌓는 단수 이상으로 적재를 하지 않는다.
② 물품을 야외에 적치할 때는 밑받침을 하여 부식을 방지하고, 덮개로 덮어야 한다.
③ **물건을 적재한 후 이동거리가 가까운 때에는 적재물을 동여맬 필요는 없다.**
④ 볼트와 같이 세밀한 물건은 상자 등에 넣어 적재한다.

물건을 적재한 후에는 이동거리의 원근에 관계없이 적재물이 넘어지지 않도록 로프나 체인 등으로 단단히 묶어야 한다.

빈출 23　　　　　　　　#고속도로 #운행 제한 차량

고속도로 운행 시 운행이 제한되는 차량이 아닌 것은?

① 차량의 축하중이 10톤을 초과하는 차량
② 적재물을 포함한 차량의 폭이 2.5m를 초과하는 차량
③ **적재물을 포함한 차량의 길이가 15m를 초과하는 차량**
④ 적재물을 포함한 차량의 높이가 4.0m를 초과하는 차량

고속도로 운행이 제한되는 차량에는 적재물을 포함한 차량의 길이가 16.7m를 초과하는 차량이 포함된다.

빈출 24　　　　　　　　　　　　#화물 인수 요령

화물을 인수하는 요령에 대한 설명으로 옳지 않은 것은?

① 제주도 및 도서지역인 경우 그 지역에 적용되는 항공료나 도선료 등의 비용을 수하인에게 징수할 수 있음을 반드시 알려주고, 이해를 구한 후 인수한다.
② 집하물품의 도착지와 고객의 배달요청일이 배송 소요일수 내에 가능한지 반드시 확인하고, 기간 내에 배송 가능한 물품을 인수한다.
③ 운송인의 책임은 물품을 인수하고 운송장을 교부한 시점부터 발생한다.
④ **운송장을 발급한 후에 물품의 성질, 규격, 포장상태, 운임, 파손 면책 등 부대사항을 고객에게 알린다.**

운송장에 대한 비용은 항상 발생하기 때문에 운송장을 작성하기 전에 물품의 성질, 규격, 포장상태, 운임, 파손 면책 등 부대사항을 고객에게 알리고 상호 간 동의가 되었을 때 운송장을 작성·발급하게 하여 불필요한 운송장 낭비를 막아야 한다.

빈출 25 #트럭

원동기부와 덮개가 운전실의 앞쪽에 나와 있는 트럭을 무엇이라고 하는가?

① 밴
② 보닛 트럭
③ 캡 오버 엔진 트럭
④ 픽업

원동기부와 덮개가 운전실의 앞쪽에 나와 있는 트럭은 보닛 트럭이다.
- 밴 : 상자형 화물실을 갖추고 있는 트럭으로 지붕이 없는 것(오픈 톱형)도 포함
- 캡 오버 엔진 트럭 : 원동기의 전부 또는 대부분이 운전실의 아래쪽에 있는 트럭
- 픽업 : 화물실의 지붕이 없고, 옆판이 운전대와 일체로 되어 있는 화물자동차

빈출 26 #타이어 #트레드 홈

다음 중 타이어 트레드 홈 깊이의 안전기준으로 알맞은 것은?

① 최저 1.2mm 이상
② 최저 1.4mm 이상
③ 최저 1.6mm 이상
④ 최저 1.8mm 이상

타이어 트레드 홈 깊이의 안전기준은 최저 1.6mm 이상이다.

빈출 27 #시야범위

정지한 상태에서 정상적인 시력을 가진 사람의 시야범위로 옳은 것은?

① 150° ~ 170°
② 160° ~ 180°
③ 170° ~ 190°
④ 180° ~ 200°

시야란 정지한 상태에서 눈의 초점을 고정시키고 양쪽 눈으로 볼 수 있는 범위를 말한다. 시야범위 안에 있는 대상물이라 하더라도 시축에서 벗어나는 시각에 따라 시력이 저하되며, 정상적인 시력을 가진 사람의 시야범위는 180° ~ 200°이다.

빈출 28 #브레이크 #마찰열

브레이크를 반복하여 사용하면 마찰열이 라이닝에 축적되어 브레이크의 제동력이 저하되는 경우가 있는데, 이러한 현상의 명칭으로 옳은 것은?

① 페이드 현상
② 수막현상
③ 모닝 록 현상
④ 베이퍼 록 현상

페이드 현상에 대한 설명이다.

빈출 29
#스탠딩 웨이브

일반구조의 승용차용 타이어의 경우 스탠딩 웨이브 현상이 발생하는 주행속도로 알맞은 것은?

① 100km/h 전후
② 120km/h 전후
③ **150km/h 전후**
④ 180km/h 전후

스탠딩 웨이브 현상이란 타이어가 회전하면 이에 따라 타이어의 원주에서는 변형과 복원을 반복하는데, 타이어의 회전속도가 빨라지면 접지부에서 받은 타이어의 변형(주름)이 다음 접지 시점까지도 복원되지 않고 접지의 뒤쪽에 진동의 물결이 일어나는 현상을 말한다. 일반구조의 승용차용 타이어의 경우 스탠딩 웨이브 현상은 대략 150km/h 전후의 주행속도에서 발생한다(단, 조건이 나쁠 때는 150km/h 이하의 저속력에서도 발생한다).

빈출 30
#교통사고 #3대 요인

다음 중 교통사고의 3대 요인이 아닌 것은?

① 인적요인
② 차량요인
③ 도로·환경요인
④ **물리적 요인**

교통사고의 3대 요인은 인적요인, 차량요인, 도로·환경요인이다.

빈출 31
#공주거리 #정지거리 #제동거리

운전자가 브레이크에 발을 올려 브레이크가 막 작동을 시작하는 순간부터 자동차가 완전히 정지할 때까지의 거리를 의미하는 것은?

① 공주거리
② 이동거리
③ 정지거리
④ **제동거리**

운전자가 브레이크에 발을 올려 브레이크가 막 작동을 시작하는 순간부터 자동차가 완전히 정지할 때까지의 거리는 제동거리이다.

빈출 32
#중앙분리대

중앙분리대의 기능에 대한 설명으로 옳지 않은 것은?

① 대향차의 현광 방지
② 상하 차도의 교통 분리
③ 필요에 따라 유턴 방지
④ **방호울타리형 중앙분리대의 경우 사고 및 고장 차량이 정지할 수 있는 여유공간 제공**

광폭 중앙분리대는 도로선형의 양방향 차로가 완전히 분리될 수 있는 충분한 공간확보로 대향차량의 영향을 받지 않을 정도의 넓이를 제공하여 사고 및 고장 차량이 정지할 수 있는 여유공간을 제공한다.

빈출 33 #앞바퀴 정렬

자동차 주행 중에 핸들 조작이 용이하도록 하는 앞바퀴 정렬과 관련이 없는 것은?

① 토우인
② 캠버
③ 캐스터
④ **휠**

앞바퀴 정렬과 관련된 것은 토우인, 캠버, 캐스터이다.

빈출 34 #앞지르기 #안전운전 #방어운전

자차가 앞지르기 할 때 안전운전 및 방어운전에 대한 설명으로 옳지 않은 것은?

① **앞차의 왼쪽으로 앞지르기하지 않는다.**
② 앞차가 앞지르기를 하고 있는 때에는 앞지르기를 시도하지 않는다.
③ 앞지르기에 필요한 충분한 시야가 확보되었을 때 앞지르기를 시도한다.
④ 앞지르기에 필요한 속도가 그 도로의 최고속도 범위 이내인 때 앞지르기를 시도한다.

자차가 앞지르기를 하는 경우에 앞차의 오른쪽으로 앞지르기하지 않는다.

빈출 35 #탱크 운행

차량에 고정된 탱크의 운행 시 주의사항으로 옳지 않은 것은?

① 노면이 나쁜 도로를 통과한 경우에는 그 직후에 가스 누설, 밸브 이완 등을 점검한다.
② 부득이하게 운행 경로를 변경하고자 하는 경우에는 소속사업소, 회사 등에 연락하여 비상사태에 대비한다.
③ 육교 등 밑을 통과할 때는 육교 등 높이에 주의하여 서서히 운행한다.
④ **운송 중 노상에 주차할 필요가 있는 경우에는 주택 및 상가 등이 밀집한 지역에 주차한다.**

운송 중 노상에 주차할 필요가 있는 경우에는 주택 및 상가 등이 밀집한 지역을 피하고, 교통량이 적고 부근에 화기가 없는 안전하고 지반이 평탄한 장소를 선택하여 주차하여야 한다.

빈출 36 #시각특성

운전과 관련된 시각특성에 대한 설명으로 옳은 것은?

① 운전자는 운전에 필요한 모든 정보를 시각을 통하여 얻는다.
② **속도가 빨라질수록 시력은 떨어진다.**
③ 속도가 빨라질수록 시야의 범위가 넓어진다.
④ 속도가 빨라질수록 전방주시점은 가까워진다.

속도가 빨라질수록 시력은 떨어진다.
① 운전자는 운전에 필요한 정보의 대부분을 시각을 통하여 획득한다.
③ · ④ 속도가 빨라질수록 시야의 범위가 좁아지며, 전방주시점은 멀어진다.

빈출 37 #속도의 착각

속도의 착각에 대한 설명으로 옳지 않은 것은?

① 좁은 시야에서는 빠르게 느껴진다.
② **비교대상이 먼 곳에 있을 때는 빠르게 느껴진다.**
③ 반대 방향으로 자동차가 서로 달릴 때는 보다 빠르게 느껴진다.
④ 넓은 시야에서는 느리게 느껴진다.

비교대상이 먼 곳에 있을 때는 느리게 느껴진다.

빈출 38 #고령 운전자

다음에서 설명하는 고령 운전자의 특성으로 옳은 것은?

> 고령 운전자는 상황을 지각하고 들어온 정보를 조직화하고 반응하는 데에 더 많은 시간을 필요로 한다.

① 반응 특성
② **인지적 특성**
③ 청각적 특성
④ 시각적 특성

고령 운전자의 인지적 특성(정보처리와 선택적 주의)이란 운전 중에는 단시간에 많은 정보를 탐색하고 또 필요한 정보를 선택하여 처리해야 하나, 고령 운전자의 경우 상황을 지각하고 들어온 정보를 조직화하고 반응하는 데에 더 많은 시간을 필요로 한다는 측면을 의미한다.

빈출 39 #길어깨

길어깨에 대한 설명으로 옳지 않은 것은?

① 고장차가 본선차도로부터 대피할 수 있고, 사고 시 교통혼잡을 방지하는 역할을 한다.
② 유지관리 작업장이나 지하매설물에 대한 장소로 제공된다.
③ 절토부 등에서는 곡선부의 시거가 증대되기 때문에 교통의 안전성이 높다.
④ **보도 등이 있는 도로에서만 보행자 등의 통행장소로 제공된다.**

길어깨는 보도 등이 없는 도로에서도 보행자 등의 통행장소로 제공된다.

빈출 40 #겨울철 #안전운행

겨울철 자동차 주행 시 안전운행 방법으로 옳지 않은 것은?

① 눈이 내린 후 차바퀴 자국이 나 있는 경우 선(앞)차량의 타이어 자국 위에 자기 차량의 타이어 바퀴를 넣고 달리면 미끄러짐을 예방할 수 있다.
② 미끄러운 오르막길에서는 앞서가는 자동차가 정상에 오르는 것을 확인한 후 올라가야 한다.
③ 주행 중 노면의 동결이 예상되는 그늘진 장소를 주의해야 한다.
④ **눈 쌓인 커브 길에서는 기어 변속을 하면서 주행해야 한다.**

눈 쌓인 커브 길 주행 시 기어 변속을 하지 않아야 한다. 기어 변속은 차의 속도를 가감하여 주행 코스 이탈의 위험을 가져온다.

빈출 41 #7R 원칙

물류관리의 기본원칙 중 7R 원칙이 아닌 것은?

① Right Time(적절한 시간)
② Right Price(적절한 가격)
③ Right Quantity(적절한 양)
④ **Right Information(적절한 정보)**

7R 원칙은 Right Quality(적절한 품질), Right Quantity(적절한 양), Right Time(적절한 시간), Right Place(적절한 장소), Right Impression(좋은 인상), Right Price(적절한 가격), Right Commodity(적절한 상품)이다. ④ Right Information(적절한 정보)는 7R 원칙에 해당되지 않는다.

빈출 42 #사업용(영업용) 트럭운송

사업용(영업용) 트럭운송의 단점으로 옳지 않은 것은?

① 기동성 부족
② 관리기능 저해
③ **비용의 고정비화**
④ 시스템의 일관성 부족

비용의 고정비화는 자가용 트럭운송의 단점에 해당한다.

빈출 43 #직업 #태도

직업의 3가지 태도에 포함되지 않는 것은?

① **평등**
② 애정
③ 긍지
④ 열정

직업의 3가지 태도에는 애정, 긍지, 열정이 있다. 평등은 직업에는 귀천이 없다는 직업윤리와 관련된 내용이다.

빈출 44 #제4자 물류

제4자 물류에 대한 설명으로 적절하지 않은 것은?

① **제3자 물류와 동일한 범위의 공급망의 역할을 담당한다.**
② 전체적인 공급망에 영향을 주는 능력을 통하여 가치를 증식한다.
③ 핵심은 고객에게 제공되는 서비스를 극대화하는 것(Best of Breed)이다.
④ 다양한 조직들의 효과적인 연결을 목적으로 하는 통합체(single contact point)로서 공급망의 모든 활동과 계획관리를 전담하는 것이다.

본질적으로 제4자 물류 공급자는 광범위한 공급망의 조직을 관리하고 기술, 능력, 정보기술, 자료 등을 관리하는 공급망 통합자로 제3자 물류보다 범위가 넓은 공급망의 역할을 담당한다.

빈출 45 #신 물류서비스

신 물류서비스 기법 중에서 대고객에 대한 정확한 도착시간 통보가 가능해지고 분실화물의 추적과 책임자 파악이 용이한 것은?

① **주파수 공용통신(TRS)**
② 전사적 품질관리(TQC)
③ 범지구측위시스템(GPS)
④ 통합판매·물류·생산시스템(CALS)

주파수 공용통신(TRS)을 통해 고장자동차에 대응한 자동차 재배치나 지연사유 분석이 가능해진다. 또한 데이터통신에 의한 실시간 처리가 가능해져 관리업무가 축소되며, 대고객에 대한 정확한 도착시간 통보가 가능해지고 분실화물의 추적과 책임자 파악이 용이하게 된다.

빈출 46 #물류의 변천과정

물류의 변천과정을 시대순으로 바르게 나열한 것은?

① 공급망관리 → 전사적자원관리 → 경영정보시스템
② **경영정보시스템 → 전사적자원관리 → 공급망관리**
③ 경영정보시스템 → 공급망관리 → 전사적자원관리
④ 전사적자원관리 → 경영정보시스템 → 공급망관리

1970년대 경영정보시스템(Management Information System) 단계 → 1980 ~ 1990년대 전사적자원관리(Enterprise Resource Planning) 단계 → 1990년대 중반 이후 공급망관리(Supply Chain Management) 단계

빈출 47 #공동배송

공동배송의 장점으로 옳지 않은 것은?

① 교통혼잡 완화
② 네트워크의 경제효과
③ 안정된 수송시장 확보
④ **입출하 활동의 계획화**

공동배송의 장점으로는 수송효율 향상(적재효율, 회전율 향상), 자동차·기사의 효율적 활용, 안정된 수송시장 확보, 네트워크의 경제효과, 교통혼잡 완화, 환경오염 방지 등이 있다. 입출하 활동의 계획화는 공동수송의 장점에 해당한다.

빈출 48 #직업 #사회적 의미

직업의 사회적 의미로 옳은 것은?

① 일터, 일자리, 경제적 가치를 창출하는 곳
② 일한다는 인간의 기본적인 리듬을 갖는 곳
③ **자기가 맡은 역할을 수행하는 능력을 인정받는 곳**
④ 직업의 사명감과 소명의식을 갖고 정성과 정열을 쏟을 수 있는 곳

① 경제적 의미, ② 철학적 의미, ④ 정신적 의미

빈출 49 #트럭수송

철도, 선박과 비교할 때 트럭수송의 장점으로 옳지 않은 것은?

① 수송단가가 낮다.
② 중간 하역이 불필요하다.
③ 포장의 간소화·간략화가 가능하다.
④ 문전에서 문전으로 배송서비스를 탄력적으로 수행할 수 있다.

트럭수송은 연료비와 인건비 등으로 인해 철도와 선박에 비해 수송단가가 높다.

빈출 50 #배달 시 행동방법

배달 시 행동방법으로 옳지 않은 것은?

① 무거운 물건일 경우 손수레를 이용하여 배달한다.
② 인수증 서명은 반드시 정자로 실명 기재 후 받는다.
③ 고객 부재 시에는 택배운임표를 반드시 이용한다.
④ 수하인 주소가 불명확할 경우 사전에 정확한 위치를 확인 후 출발한다.

택배운임표는 집하 시 고객에게 제시하여 운임을 수령하는 경우 필요한 것이고, 고객 부재 시에는 부재중 방문표를 반드시 이용해야 한다.

박문각 단끝 시리즈
단끝 화물운송종사
필기 5개년 기출문제집

초판인쇄	2025. 9. 25
초판발행	2025. 9. 30

저자와의
협의 하에
인지 생략

발 행 인	박용
출판총괄	김현실
편집개발	김태희, 김소영
발 행 처	㈜ 박문각출판
출판등록	등록번호 제2019-000137호
주 소	06654 서울시 서초구 효령로 283 서경B/D 4층
전 화	(02) 6466-7202
팩 스	(02) 584-2927
홈페이지	www.pmgbooks.co.kr
ISBN	979-11-7519-104-4
정가	11,000원

이 책의 무단 전재 또는 복제 행위는 저작권법 제 136조에 의거, 5년 이하의 징역 또는 5,000만원 이하의 벌금에 처하거나 이를 병과할 수 있습니다.